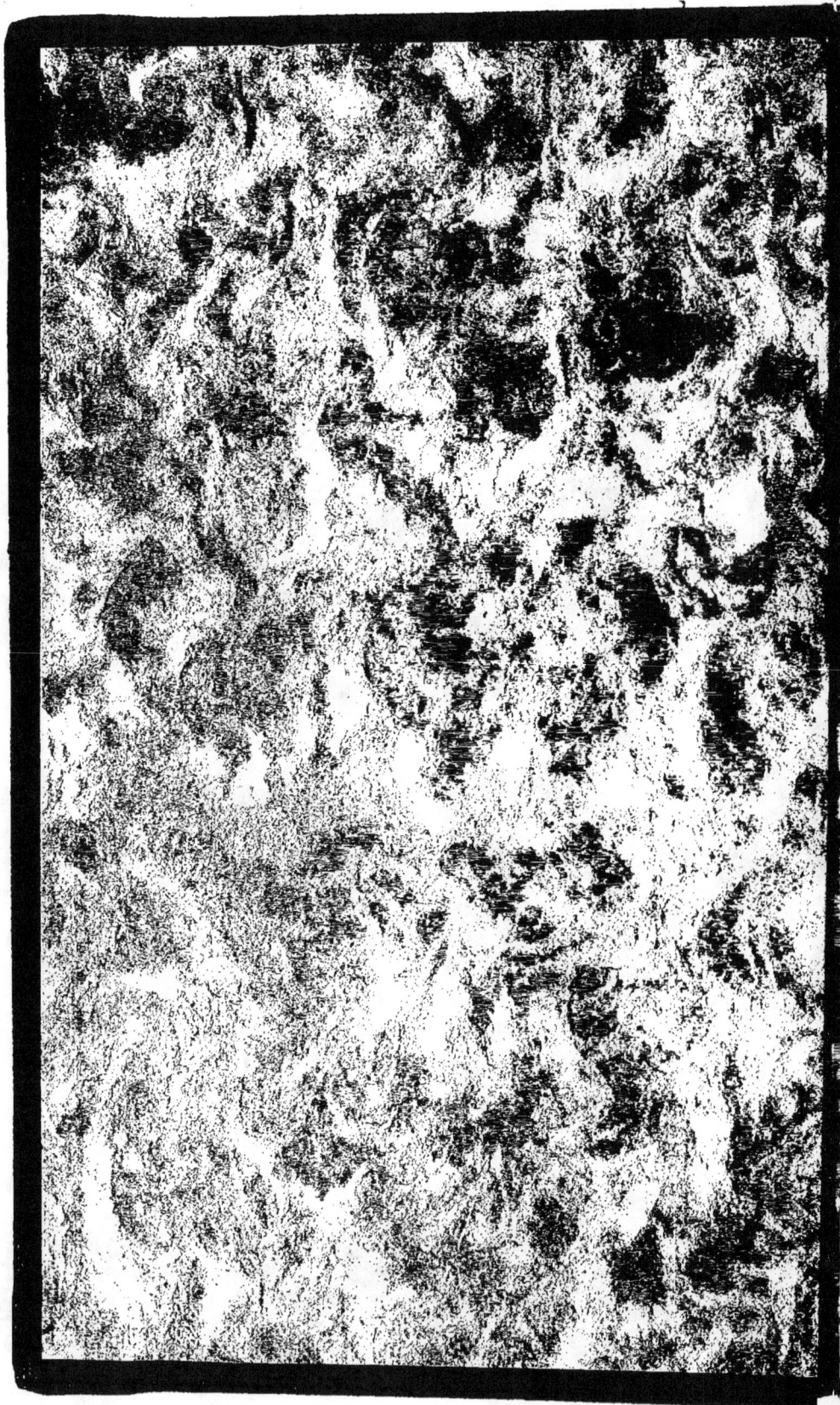

TRAITÉ PRATIQUE

ÉLÉMENTAIRE DE LA

MEULERIE

A L'USAGE DE LA

MEUNERIE

PAR

JULES BERTRAND

Fabricant de Meules à Moulins à La Ferté-sous-Jouarre

(SEINE-ET-MARNE)

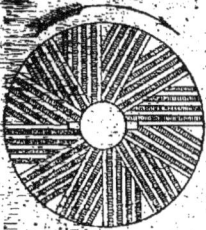 PRIX : 5 FR.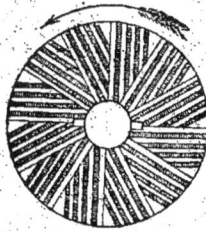

1874

LA FERTÉ-SOUS-JOUARRE | PARIS
CHEZ L'AUTEUR | LIBRAIRIE E. CRETTÉ
1 et 3, galerie Véro-Dodat, et rue
J.-J. Rousseau, 19.

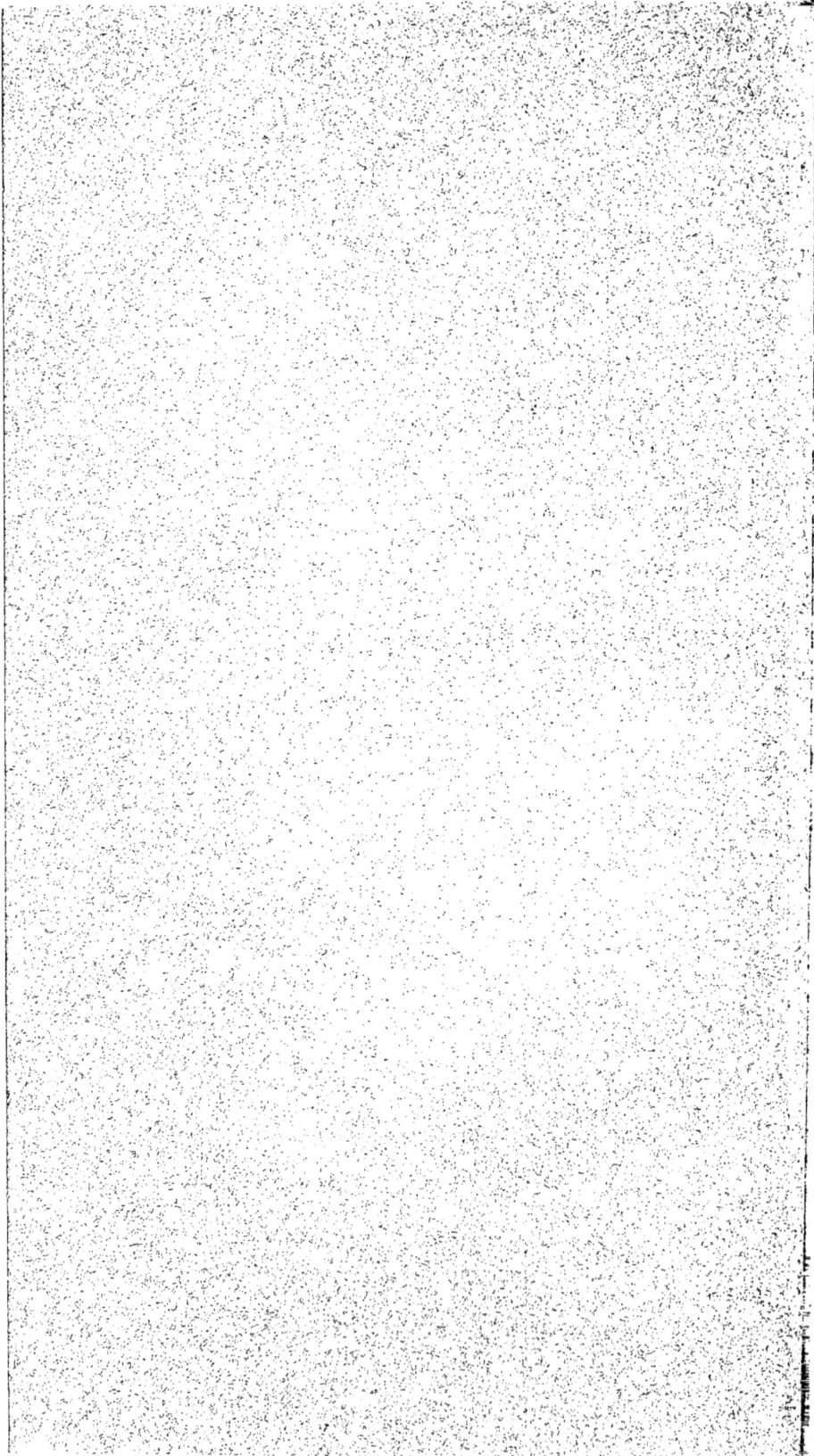

TRAITÉ PRATIQUE

ÉLÉMENTAIRE DE LA

MEULERIE

A L'USAGE DE LA

MEUNERIE

PAR

JULES BERTRAND

Fabricant de Meules à Moulins à La Ferté-sous-Jouarre

(SEINE-ET-MARNE)

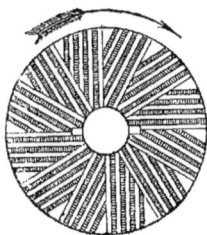 **PRIX : 5 FR.**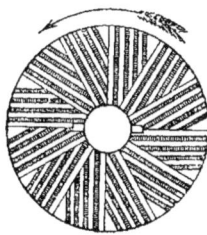

1874

LA FERTÉ-SOUS-JOUARRE

CHEZ L'AUTEUR.

PARIS

LIBRAIRIE E. CRETTÉ
1 et 3, galerie Véro-Dodat, et rue
J.-J. Rousseau, 19.

ANNÉE 1874

1re ÉDITION.

TRADUCTION RÉSERVÉE

*Chaque exemplaire devra porter la signature
ci-dessous :*

PRÉFACE

Un bon manuel de la meulerie à l'usage de la meunerie, rédigé d'une manière claire et avec une certaine méthode, est; sans contredit, un ouvrage excellent; si, en écrivant ce livre, nous avons pu atteindre ce but, nous aurons rendu service à MM. les meuniers qui nous tiendront compte de notre intention.

C'est le fruit de 11 années de travail et d'expérience que nous offrons à la confiance de ceux à qui nous avons l'honneur de nous adresser; en effet, comme l'un des associés gérants, en qualité de successeur de *M. Petit, dans la Cie du Bois de la Barre, sous la raison sociale Gaillard aîné, Petit et A. Halbou, établie à La Ferté-sous-Jouarre, pour le commerce des meules et dont la dissolution est définitive,* nous avons, dans nos voyages, comme à l'atelier de fabrication, qui était placé sous notre direction, pu étudier profondément les bases essentiellement pratiques qui constituent les éléments nécessaires du métier; de plus, natif de la ville de La Ferté-sous-Jouarre où nous avons habité près de 35 ans, nous avons été 20 ans continuellement en relations avec le commerce de la meulerie.

Mettre à la portée de tout le monde un tel ouvrage, par son prix modéré et par sa rédaction, a été l'objet de notre attention; nous n'avons rien négligé, autant qu'il a été en notre pouvoir, pour le rendre propre à la généralité des personnes du métier, en y comprenant aussi tout ce qui nous a été indiqué par les auteurs érudits et consciencieux à qui nous devons les précieux travaux qui ont facilité les progrès de la meunerie.

JULES BERTRAND,

Md de Meules à La Ferté-sous-Jouarre.

AVANT-PROPOS

Dès les temps les plus reculés les graines fari-
neuses ou les céréales ont été la base de la nourri-
ture de l'homme, à l'état de crudité, ou sous forme
de bouillie, ou comme pâte fermentée de pain dont
l'usage est aujourd'hui général.

Toutefois l'emploi des machines pour le broiement du grain remonte à l'époque de Moïse, où
l'on faisait usage de moulins composés de deux petites meules cylindriques, en pierres dures, que des
esclaves ou des femmes faisaient tourner l'une
au-dessus de l'autre; avec quel mécanisme? nous
l'ignorons!

Les auteurs constatent que, depuis, *Mileta*,
fils du roi *Lelex*, de Lacédémone, inventa 1800
ans avant J.-C. les meules à moulins — que plus
tard (sous le règne de Numa Pompilius) l'on re-
trouvait à Rome; ce qui est certain c'est que sous

les ruines de Pompeï on découvrit l'existence de moulins qui se composaient, comme aujourd'hui, de deux meules :

L'une, celle gisante ou dormante, appelée *Meta,* était de forme conique et se trouvait terminée supérieurement par un pivot de fer.

L'autre, celle volante ou courante, appelée *Catillus,* avait à peu près la forme d'un sablier composé de deux cônes creux, joints ensemble au sommet ; au point de jonction des deux cônes existait une pièce de fer, présentant une cavité au centre, recevant le pivot de fer de la Meta afin de maintenir la meule supérieure dans une position bien verticale ; celle-ci était, en outre, munie d'un cercle de fer qui portait des trous carrés recevant les barres qui mettaient l'appareil en mouvement ; le grain était alors versé dans le cône supérieur entre les deux cavités de cette meule sur le sommet du cône de la meule gisante ; de sorte que le blé en glissant entre les deux parois des deux cônes en contact, se trouvait écrasé et tombait sous forme de farine sur les côtés de la base du cône dans un canal destiné à recevoir le produit de la mouture.

Ces meules étaient mises en mouvement par des esclaves et des femmes; on se servait de mulets et de chevaux pour les meules d'un grand diamètre.

Il est certain cependant que les moulins à eau ont pris naissance dans l'Asie-Mineure, et c'est ainsi que les auteurs rapportent que le plus ancien dont il soit fait mention avait été établi dans le jardin de Mithridate, roi de Pont, environ 100 ans avant J.-C.

C'est alors qu'ils furent introduits en Italie au temps de César, mais ils ne commencèrent à devenir communs qu'au ive siècle.

Cette force motrice, dont l'économie journalière n'est pas à dédaigner, a eu une rivale aussi peu dispendieuse : c'est l'institution des moulins à vent; on dit que son origine est orientale et date des Croisés ; cependant il y a des auteurs qui constatent qu'au viiie siècle, il existait des moulins à vent en Russie, en Pologne, en Hongrie.

Mais une concurrente plus dispendieuse, cependant plus expéditive et plus régulière, est venue, vers 1789, s'implanter en Angleterre, c'est la vapeur appliquée aux moulins, et surtout aux grands moulins perfectionnés.

Au milieu des révolutions successives qui se sont faites dans le mécanisme des moulins, dans les divers systèmes de force motrice, de nettoyage, de bluttage, les meules seules n'ont point reçu de transformations notables.

Le principe, pour elles, a toujours été le même; seulement il a été non modifié mais perfectionné.

On a fait des essais sur la manière de placer les meules, soit dans le sens horizontal, en faisant tourner celle de dessous, plutôt que celle de dessus, et dans le sens vertical.

Toujours est-il qu'on a en tout temps employé des meules fabriquées, tantôt avec des pierres du pays : *granitique; de lave; de sable ; de marbre ou calcaire;* tantôt (et c'est aujourd'hui celles qui sont bien plus répandues) avec des pierres meulières de France, et principalement de La Ferté-sous-Jouarre (Seine-et-Marne) dont la qualité supérieure est incontestablement reconnue.

Il est vrai qu'on a essayé les cylindres comprimeurs et concasseurs; les meules factices; la décortication des grains par leur projection ou par les produits chimiques; mais, au milieu de ces essais, les meules de bonne qualité, appropriées au genre de mouture, à la nature du grain et au savoir-faire du meunier, ont conservé leur monopole ; aussi ne parlerons-nous que des meules comme on les emploie maintenant, et dirons-nous toujours à chaque meunier : *Les meules sont l'âme du moulin.* Pour faire de la bonne farine, il faut avoir de bonnes meules.

JULES BERTRAND,

M^d de Meules à La Ferté-sous-Jouarre.

LIVRE PREMIER

GRAINS

DES GRAINS A MOUDRE

Les grains qui sont destinés à la mouture par les meules sont :

1° Le blé ou froment.

2° Le seigle.

3° L'orge.

4° L'avoine.

5° Les blés mêlés aux seigles appelés méteils.

6° Le sarrasin.

7° Le maïs de Turquie, d'Espagne, d'Italie et d'Inde.

8° La fève.

9° Le Sorgho (blé de Guinée).

10° L'alpiste (blé de Canarie).

Il nous a paru urgent de commencer notre ouvrage par ce livre ; donc nos observations vont porter principalement sur les grains.

ARTICLE PREMIER.

Choix des blés en général.

Quoique le commerce des céréales s'étende sur une grande variété de blés, puisqu'il existe des froments blanchâtres, jaunes, roux, rouges et bruns, dont les grains sont plus ou moins gros, petits, renflés, grêles ou allongés, et l'écorce ou enveloppe, demi-translucide, glacée, opaque, mince, épaisse, rugueuse ou plissée, et dont la rainure ou sillon renfermant le repli de cette écorce, pénètre plus ou moins dans l'intérieur de ces grains, on peut néanmoins se borner, commercialement parlant, à ne distinguer que trois espèces de blé : *les blés tendres; les blés demi-durs, mitadins ou glacés* et *les blés durs.* Les premiers proviennent en majeure partie des contrées froides et des sols humides; ils cèdent ou fléchissent un peu sous la dent; l'écorce est un peu jaunâtre, lisse et mince; leur cassure intérieure est blanche, opaque et farineuse; ils se broient facilement sous la meule. Tels sont les blés de Pologne, d'Allemagne, et du nord de la France.

Les blés durs sont produits au contraire par les contrées chaudes et sèches et les terres légères; ils se cassent moins aisément sous la dent, mais plus net que les blés fins; ils sont pesants, demi-translucides; leur cassure grisâtre est cornée, sans apparence d'amidon, quoique le son en soit épais. Ils s'écrasent moins facilement sous la meule. Tels sont les blés des départements du midi de la France, d'Espagne et de l'Algérie, de Hongrie, etc.

Les blés mitadins, demi-durs ou glacés, servent de transition entre les deux espèces signalées. Leur cassure est moins ferme et moins cornée que celle des blés durs, et au point d'écrasement elle est blanchâtre; ces blés réussissent bien dans l'est et dans le midi de la France.

Dans chacune de ces espèces de blé, on fait trois choix : le *blé de tête,* ou de 1re qualité; le *blé milieu,* ou de 2e qualité; et le *blé inférieur,* ou de 3e qualité. Voici comment Parmentier les caractérise :

Le blé de première qualité « est celui dont la couleur est d'un jaune clair et transparent, ramassé, bien nourri, bombé et peu profond dans sa rainure, se cassant nettement sous la dent; il présente dans son intérieur une substance serrée et compacte, d'un blanc jaunâtre et brillant; il sonne quand on le fait sauter dans la main, et cède aisément à l'introduction du bras dans le sac qui le renferme; il répand dans la bouche, lorsqu'on le mâche, un goût de pâte, une odeur qui appartient à la bonne qualité de blé. » L'hectolitre pèse ordinairement un peu plus de 75 kilog.

Le blé de seconde qualité est plus maigre et plus allongé, d'un jaune plus foncé, léger, se cassant moins aisément sous la dent, et offrant dans son intérieur une matière moins blanche et moins serrée; on peut mettre dans cette classe les blés gris ou glacés; les blés de mars, à cause de leur abondance en écorce et du peu de blancheur de leur farine. L'hectolitre pèse ordinairement 72 kilog.

Blés de troisième qualité. « Leur rainure est plus profonde et leur écorce plus épaisse; presque toujours ils se trouvent mélangés d'autres semences, comme le seigle, l'orge, la nielle, l'ivraie, la rougeole et le pois gras, circonstances qui diminuent les produits de la farine en blancheur et en quan-

tité, rendent le pain bis, sans cependant nuire à la
salubrité. » L'hectolitre ne pèse ordinairement que
69 kilog. On concevra facilement que la récolte d'un
même champ puisse offrir souvent ces trois qualités
de blé; que telle localité produise généralement des
blés de l'une de ces trois sortes, et que selon que les
années ont été plus ou moins favorables à la végétation des céréales, l'universalité des grains soit de
bonne ou de mauvaise qualité, ou contienne plus ou
moins de blé de tête.

Toutes choses égales d'ailleurs, le blé le plus
lourd est celui de meilleure qualité, et s'il présente
de plus les caractères des blés fins et tendres, le
commerçant devra lui donner toujours la préférence, parce que les résultats qu'il en obtiendra le
dédommageront des sacrifices qu'il devra faire pour
se le procurer. On admet que le poids moyen de
l'hectolitre de froment est de 75 à 80 k. en nombre
rond.

M. le général Demarçay, qui a beaucoup étudié
les céréales, indique comme il suit les signes d'après
lesquels on peut distinguer le blé des années pré-
cédentes du blé nouveau. « Le blé de 12 à 15 mois
commence déjà à prendre une couleur d'un gris un

peu terne. Après deux ans cette couleur augmente d'intensité ; le grain commence à se rider. A la troisième année tous ces défauts sont fort accrus ; il paraît en outre couvert d'une poussière grise qui commence dès la deuxième année, qui ne fait que s'accroître et dont ne le délivrent pas, au contraire, les nombreux pelletages qu'il faut lui faire éprouver pour l'empêcher d'être mangé par les charançons. Ces inconvénients ont surtout lieu dans les greniers placés au-dessus du rez-de-chaussée, et dont le plancher est en bois. Ces défauts pour la couleur et l'aspect, viennent du mouvement intérieur et à peu près continuel qu'éprouve le blé dans les variations du froid et du chaud, comme par celles de la sécheresse et de l'humidité de l'atmosphère. »

On reconnaît facilement si un blé est sec ou humide. Dans le premier cas, il s'échappe promptement de la main qui en serre une poignée ; tandis que, dans le second cas, il ne se dérobe pas à son action.

ARTICLE DEUXIÈME.

Choix des blés pour la minoterie.

Le poids spécifique apparent du blé n'est pas constant, il varie avec le climat du lieu de production, et dans chaque pays il n'est pas le même tous les ans. Aussi voit-on du froment dont l'hectolitre ne pèse que 64 kil.; et en voit-on d'autre dont la même mesure pèse jusqu'à 85 kil.

D'après les données de Malouin, dans son *Art du meunier*, le blé qui ne pèse que 66 k. par hectolitre, ou dont le poids spécifique apparent est 0,66, renferme 1/3 de son poids de sons de trois sortes, et ne produit que 0,666 de son poids de farine.

Un blé pesant 69 kil. 2 l'hectolitre, ou dont le poids spécifique apparent est 0,692, contient de 1/3, 23 à 1/3 28 de sons, et ne rend que de 0,692 à 0,696 de son poids de farines.

Un blé dont l'hectolitre pèse 78 k il., 5, ou dont le poids spécifique apparent est 0,785, renferme 1/4 17 de sons, et donne déjà 0,760 de son poids de farines.

Enfin le blé d'Andalousie, pesant 84 k. 7 l'hectolitre, ou dont le poids spécifique apparent est 0,847, ne contient que de 1/7 72, à 1/6 75 de sons et rend par conséquent de 0,852 à 0,871 de farines.

Ces rendements en farines diverses diffèrent, comme on voit, assez entre eux, pour démontrer quelle importance le minotier doit attacher à se procurer des blés secs et lourds; puisque la valeur de cette denrée, qui se vend encore au volume, dans certaines contrées, doit être basée sur la quantité de farine qu'elle peut fournir, ou du pain qu'on peut en retirer, dont la vente se fait au poids. L'expérience a d'ailleurs appris qu'à poids égal, les farines provenant des blés durs, et par conséquent lourds, absorbent plus d'eau au pétrissage et rendent ainsi plus de pain. La farine des blés d'Andalousie, par exemple, absorbe les 3/4 de son poids d'eau ou 1/8 de son poids de plus que n'en absorbent les farines des blés de France.

ARTICLE TROISIÈME

Analyse physique du blé.

Pendant bien des siècles on ne distingua dans un grain de blé que trois choses différentes : *l'écorce* ou enveloppe, le *germe* destiné à sa reproduction, et enfin la *substance farineuse nutritive* qui en constitue la majeure partie. Dans son discours sur la mouture économique, publié en 1775, Béguillet donne l'analyse physique d'un grain de blé, qu'il considère comme formé de 5 parties distinctes, savoir :

I. — Une enveloppe extérieure, l'écorce proprement dite, jaune, forte, épaisse, embrassant le germe et toute la substance farineuse, et qui donne le son par la mouture ;

II. — Une enveloppe intérieure, plus blanche, moins opaque, moins épaisse, sorte de corticule semblant n'être que la continuation de l'épiderme du germe, et qui, par des moutures répétées, donne les recroupettes et le fleurage. A l'extrémité du grain de blé opposée à celle que le germe occupe, ces deux enveloppes sont terminées par de petits poils branchus qui se réunissent en toupet ;

III. — Le germe, composé de petits vaisseaux ligneux fort rapprochés, plus compacte que le reste du grain compris entre les deux enveloppes et couché longitudinalement sur le dos du grain ;

IV. — L'appendice ou ensemble de petits vaisseaux que le germe étend dans l'intérieur du grain pour en tirer la substance qui doit d'abord l'alimenter quand il germe ;

V. — La pulpe ou chair du grain, que Pline nomme la moelle, et Grew le parenchyme, et qui fournit par la pulvérisation aussi bien que par la mouture, la farine la plus blanche et la plus fine.

Béguillet rapporte ensuite que le docteur Parsons ayant observé au microscope la substance farineuse du blé, de l'orge, etc., avait vu qu'elle est formée de petits globules renfermés dans des membranes ou sacs percés de trous au travers desquels on peut voir la lumière, et qui paraissent des fragments de vaisseaux.

Dans son histoire naturelle du froment, publiée en 1779, l'abbé Poncelet s'est occupé à son tour de l'analyse mécanique du grain de froment. A l'aide d'un microscope, il a reconnu que son tégument est composé de trois membranes, les deux premières formées de tuyaux d'une exilité surprenante, juxtaposés, communiquant entre eux par des insertions latérales et formant à la pointe du grain, opposée à la pointe lisse qu'occupe le germe, duquel ils semblent diverger, une sorte d'aigrette ou pinceau désigné sous le nom de la brosse. La troisième membrane, qui recouvre immédiatement la substance intérieure du grain, est si mince que cet ingénieux abbé n'a pu en observer ni discerner la contexture. Entre cette membrane et la seconde, à laquelle elle adhère davantage, il existe une couche d'une matière gommo-résineuse qui enveloppe entièrement le grain de blé.

L'examen physique du grain et du son, fait par M. le docteur Herpin, et dont les résultats sont consignés dans ses Recherches économiques sur le son ou l'écorce du froment et des autres graines céréales, publiées en 1833, lui a fait reconnaître précisément trois membranes ou tissus vasculaires composés de petits tubes juxtaposés, communiquant entre eux par de nombreuses anastomoses, remplis de sucs végétaux et de substances semblables à celles que l'on trouve dans l'intérieur du grain, ainsi que la couche de matière résineuse, jaunâtre, transparente, comprise entre les deux membranes intérieures. Ces quatre éléments du tégument du grain de blé, signalés par l'abbé Poncelet, sont d'ailleurs assez faciles à discerner, même avec une simple et bonne loupe.

On conçoit facilement qu'avec le secours d'un puissant microscope et par certaines manipulations, un bon opérateur puisse faire de la substance du grain de blé une étude physique plus complète et par conséquent plus utilisable. C'est ainsi que M. Mége-Mouriès, dans ses communications à l'Académie des sciences de l'Institut, établit que la coupe du grain de blé présente bien les trois enveloppes inertes, légères, à peine colorées (1), savoir : l'épiderme ou cuticule A, l'épicarpe B, l'endocarpe C, formant les trois centièmes du poids du grain et s'enlevant facilement par la décortication, et le tégument immédiat de la graine ou testa D, d'un jaune plus ou moins orangé suivant la variété du blé, déjà signalés par l'abbé Poncelet, mais qu'on y voit en outre une membrane embryonnaire E, incolore, enveloppant la masse farineuse; que dans celle-ci on peut distinguer deux couches f, g plus dures que la partie centrale h, qu'elles embrassent; qu'au gros bout de cette masse se trouve l'embryon, i.

D'après M. Mége-Mouriès, les téguments a, b, c, d,

_____

(1) Voir les planches annexées auxquelles nous renvoyons en citant les lettres de correspondance.

et cette membrane : *e*, mêlés à plus ou moins de farine, constituent le son, et les issues, formant les 0, 18 du poids du grain, et la substance centrale *h* qui est la plus tendre, donne 50 pour 100 de farine fleur, la plus blanche et la moins nutritive. La couche *g* qui entoure la partie *h*, est plus dure et donne les gruaux blancs qui, remoulus et réunis à la fleur, produisent la farine à 70 ou à pain blanc ordinaire. La couche *f*, ou perisperme qui entoure celle *g*, donne 8 pour 100 de gruaux encore plus durs et plus nutritifs; mais comme quand on les remoud ils se trouvent mélangés à une petite quantité de son, ils ne donnent que de la farine bise et du pain bis. D'où l'on voit que l'on rejette de l'alimentation de l'homme la proportion la meilleure du grain; que l'on fait du pain bis avec de la farine de très-bonne qualité et que le pain le plus blanc est fait avec la partie la moins nutritive du blé.

La membrane embryonnaire *e*, dit M. Mége-Mouriès, « joue un rôle des plus importants dans la germination et dans l'alimentation, c'est elle qui produit le pain bis par la décomposition d'une partie de la farine pendant la panification, et limite à 70 l'extraction de la farine à pain blanc. Cette membrane

part de chaque côté de l'embryon, comme un pro-
longement qui s'étend et enveloppe la masse farineuse; elle appartient à la classe des matières de
structure organisée qui, douée d'une sorte de vie,
détermine le mouvement et la translation des corps
destinés au développement de la plante.

« Voici une de ses propriétés qui peut avoir des
applications : quand on plonge le grain de blé dans
l'eau, celle-ci pénètre en quelques heures jusqu'au
centre; si cette eau est chargée de divers sels, de
sel marin par exemple, elle traverse immédiatement
les téguments a, b, c, d, et s'arrête brusquement
devant la membrane e, au point qu'on peut conserver pendant plusieurs jours, au milieu de l'eau,
des grains dont l'intérieur reste sec et cassant. Cette
membrane produit seule ce phénomène, car si au
bout de quelques jours l'eau a pénétré plus avant,
on peut s'assurer que c'est la partie de l'embryon i,
libre de ce tissu; car si on enlève les tissus a, b, c, d,
la résistance est la même, et enfin si on enlève cette
membrane, le liquide pénètre aussitôt dans le grain. »

ARTICLE QUATRIÈME

Analyse du blé coupé avant sa parfaite maturité.

Extrait du manuel Roret :

Plusieurs agronomes ont conseillé de couper le blé avant sa parfaite maturité, afin d'obtenir un produit plus considérable, parce que, durant et après la moisson, quand le blé est bien mûr, beaucoup de grains se séparent, des épis même se détachent de la paille, et aussi parce que le blé qui n'a pas atteint sa complète maturité est plus enflé que le blé mûr, à cause de la plus grande quantité d'eau végétative qu'il contient. A ce double point de vue, cette méthode semble tout d'abord offrir un avantage réel. Mais voici le revers de la médaille : les blés coupés trop tôt sont d'une couleur terne ; en séchant, ils se vident à la surface ; mis en tas, ils s'échauffent vite et le charançon ne tarde pas à les attaquer : aussi dit-on communément que les blés peu mûrs ne sont pas de garde. Ajoutez à ces inconvénients que la farine qui provient de ces blés contient moins d'amidon et de gluten et plus de matières sucrées, qu'elle produit plus de son, prend moins d'eau en raison de son humidité naturelle, et en définitive donne moins de pain que la farine faite avec des blés bien mûrs. Aussi, la boulangerie et l'agriculture rejettent-elles ces blés.

A l'appui de ce que nous venons de dire, nous allons donner l'analyse comparative faite du blé de Narbonne coupé 18 jours avant sa maturité et coupé lorsqu'il a atteint sa maturité parfaite :

	Blé mûr.	Non mûr.
Amidon........................	68.060	61.350
Gluten........................	12.015	6.410
Matières sucrées..............	6.325	10.940
Matières gommo-glutineuses......	3.135	1.850
Son...........................	2.020	5.050
Humidité......................	8.445	14.400
	100.000	100.000

D'autres expériences sur diverses variétés de blé ont toujours donné des résultats à peu près identiques; de sorte qu'il est bien avéré que plus le blé est éloigné de son point de maturité, plus il contient de matières sucrées et moins il renferme d'amidon et de gluten, et que l'acte de la végétation a pour conséquence de convertir en amidon et en gluten les principes sucrés.

Cette opinion a été confirmée par M. le professeur

Lavini dans un travail spécial sur le gluten et les substances amylacées qu'il vient de publier dans le tome XXXVII des Mémoires de l'Académie royale de Turin. Nous allons en consigner ici les résultats.

I. — La substance la plus abondante dans les farines de blé mûr ou non mûr c'est l'amidon, mais à des proportions différentes, car les blés mûrs en contiennent 75 0/0, tandis que les blés qui n'ont pas atteint leur maturité n'en ont que 60 0/0.

II. — Une des principales substances contenues dans le blé non mûr, après l'amidon, est une matière extractive muqueuse, qui fait environ un quart de son poids.

III. — Le gluten se trouve dans les farines de blé mûr à la proportion de 25 0/0, tandis qu'il n'arrive qu'à 5 0/0 dans les autres.

IV. — L'albumine varie peu dans les deux farines.

V. — Il existe dans la farine de blé non mûr une résine verte qui fait environ 1/20 de son poids, laquelle, par la maturité, se convertit probablement, avec une partie de la substance extracto-gommeuse, en gluten.

VI. — Enfin les farines de blé, quel que soit le

degré de maturité du grain, contiennent également des oxydes de cuivre, de fer et de manganèse.

M. Lavini ne dit point sur quelle espèce de blé il a opéré, ni de quelle contrée il provenait : cela eût. été utile à connaître, car il indique 75 0/0 d'amidon et 25 0/0 de gluten, proportions si fortes, que ni Vauquelin, ni Henri, ni Julia de Fontenelle n'ont jamais rien trouvé de semblable.

Si l'on récapitule les produits obtenus dans l'analyse de M. Lavini on trouve :

	Blé mûr.	Non mûr.
Amidon............................	75	60
Matière extractive muqueuse...........	»	25
Gluten	25	05
Résine verte.......................	»	05
	100	95

Cela fait 125 parties au lieu de 100, sans compter le son, l'humidité, etc. Il faut qu'il y ait une erreur dans ses calculs. Toutefois, les résultats que nous avons annoncés ne s'en trouvent pas moins confirmés par le professeur de Turin ; à savoir : que les matières sucrées, qui ne sont autre chose que la matière extractive muqueuse de M. Lavini, se convertissent, par la maturité, en amidon et en gluten.

M. Lavini aura sans doute opéré sur de la farine de blé coupé 25 jours avant que les épis eussent acquis cette couleur blonde, indice de leur maturité, et sur de la farine de blé mûr récolté dans le même champ : de sorte qu'il résulterait de son analyse que dans l'espace de 25 jours il serait formé 20 0/0 de gluten et 15 0/0 d'amidon aux dépens des matières sucrées de la résine verte.

En résumé il reste parfaitement établi, par ces analyses et les savantes études de M. Julia de Fontenelle :

I. — Que les blés durs sont les plus riches en gluten et les moins chargés d'humidité, et qu'à poids égal leurs farines absorbent beaucoup plus d'eau, sont plus tenaces et donnent plus de pain que celles des blés tendres.

II. — Que les blés des pays chauds sont plus riches en gluten et en matières gommo-glutineuses que ceux des pays froids, et qu'ils absorbent plus d'eau.

III. — Que les proportions d'amidon dans les blés décroissent suivant que celles du gluten augmentent.

IV. — Que les blés les plus pesants sont en général les plus abondants en gluten et plus propres à la panification.

V. — Que la bonne panification est en raison directe de la quantité de gluten contenue dans la farine. En effet nous avons examiné plusieurs échantillons de pain dit de fécule, et nous y avons toujours reconnu des points brillants, qui ne sont autre chose que de la fécule non altérée et interposée dans les cellules. Aussi ce pain est, comme nous l'avons déjà dit, compacte, pesant et indigeste.

VI. — Que les blés coupés avant leur parfaite maturité contiennent beaucoup d'humidité, s'échauffent facilement, ne tardent pas d'être attaqués par les charançons et sont peu propres aux semailles; que ces blés font plus de son, contiennent plus de matières sucrées et moitié moins de gluten que ceux qui ont été coupés à leur parfaite maturité, lesquels sont aussi plus riches en amidon et donnent un pain plus abondant et mieux levé.

VII. — Que les blés bien nourris sont supérieurs aux blés maigres pour la panification et donnent beaucoup moins de son.

VIII. — Que les blés qui ont été mouillés ou conservés dans des lieux humides ne donnent qu'un pain mal levé, qui a quelquefois une saveur désagréable due à un commencement d'altération du gluten. La couleur de ces blés est terne et, quand ils ont été séchés, leur surface est ridée.

IX. — Que pour la panification de la fécule de pommes de terre, on doit donner la préférence aux farines très-riches en gluten, comme celles des blés durs.

X. — Enfin que pour l'approvisionnement des places fortes, des villes, des vaisseaux, des hospices, etc., on doit choisir les blés les plus secs, les plus pesants, les mieux nourris, notamment les rouges, ceux qui ont été coupés en parfaite maturité, provenant des pays chauds et des terrains peu humides ; en un mot les plus riches en gluten.

ARTICLE CINQUIÈME

Observations sur diverses sortes de blés.

Depuis que Vauquelin et Julia de Fontenelle ont fait une analyse de quelques variétés de froment, les procédés d'analyse chimique ont été perfectionnés, et il était à désirer qu'on soumît à des recherches plus rigoureuses un produit aussi précieux pour lequel cependant on n'a pas encore assez fait.

M. Rossignon a entrepris l'analyse de 25 variétés de blé, au moyen d'un procédé différent de l'ancien, dans le détail duquel il serait superflu d'entrer ici.

ARTICLE SIXIÈME

Du trieur pour l'épuration des blés.

Il existe des trieurs construits exprès pour la meunerie dont la destination dans les moulins est l'épuration des déchets, et par suite, la facilité de porter les déchets à une proportion élevée.

De l'application du trieur à l'épuration des blés il résultera pour les meuniers les avantages suivants :

1° Que les bons blés étant mieux nettoyés la qualité des farines premières sera supérieure.

2° Que les petits blés ne contenant plus de graines étrangères, on pourra en extraire de bons blés qui produiront encore des farines premières, au lieu de ne donner, comme dans les cas ordinaires, que des farines secondes.

3° Que les derniers petits blés ne contenant plus de mauvaises graines rondes, pois gras, vesce-rons, etc., on pourra avec des petits blés, qui ne donnaient que des farines troisièmes, obtenir des farines secondes.

4° Que les blés triés ne contenant plus de graines et les déchets ne contenant plus de blés, on aura plus de blé à moudre, que la mouture sera plus facile et le son mieux dépouillé, ce qui augmentera le produit en farines.

Il résulte évidemment de ces détails qu'il y a utilité pour le meunier d'avoir de bons nettoyages.

Il existe de bons trieurs bien connus.

ARTICLE SEPTIÈME

De l'épierreur Josse, et d'un comprimeur.

Indépendamment du trieur le meunier devrait avoir un épierreur Josse (1).

Cet appareil à case a un mouvement de va-et-vient qui assure l'enlèvement des pierres, des clous et autres matières dures qui n'ont pour avantage que de briser les meules et les bluteries.

Il en existe à Corbeil chez M. Darblay, et aux moulins de Scipion appartenant à l'administration des hospices de Paris.

(1) M. Hignette, ingénieur, rue Turbigo, 75.

Le comprimeur ne supplée qu'imparfaitement à l'épierreur. Seulement il a aussi pour avantage d'ouvrir certains grains pour les préparer à la mouture.

ARTICLE HUITIÈME

Nettoiement du blé par le lavage.

Le nettoiement du blé par la voie humide est encore généralement employé par les habitants des pays chauds, après que le criblage en a été fait, et avant son envoi immédiat au moulin, qui en opère mieux la mouture. On verse le blé par parties dans un grand vase plein d'eau où on le remue à bras, ce qui détermine le dépôt des graviers au fond du vase, délaie les petites mottes de terre, sépare les grains légers et détériorés, et les pailles qui peuvent encore y être mêlées et qu'on enlève à la surface de l'eau. Le blé ainsi lavé jusqu'à ce qu'il ne salisse plus l'eau qu'on renouvelle, est versé sur une toile dont on a recouvert l'intérieur d'une corbeille dans laquelle il s'égoutte, puis on l'étale au soleil en couche mince, sur des toiles ou sur les aires dallées ou carrelées, dont quelques moulins sont accompagnés, et on l'y remue à la main, jusqu'à ce que l'action combinée du soleil et de l'air ambiant, l'ait desséché au point convenable pour être livré à celle de meules. Le bitume, dont on fait aujourd'hui cet usage, pourrait être utilisé pour les aires de séchage.

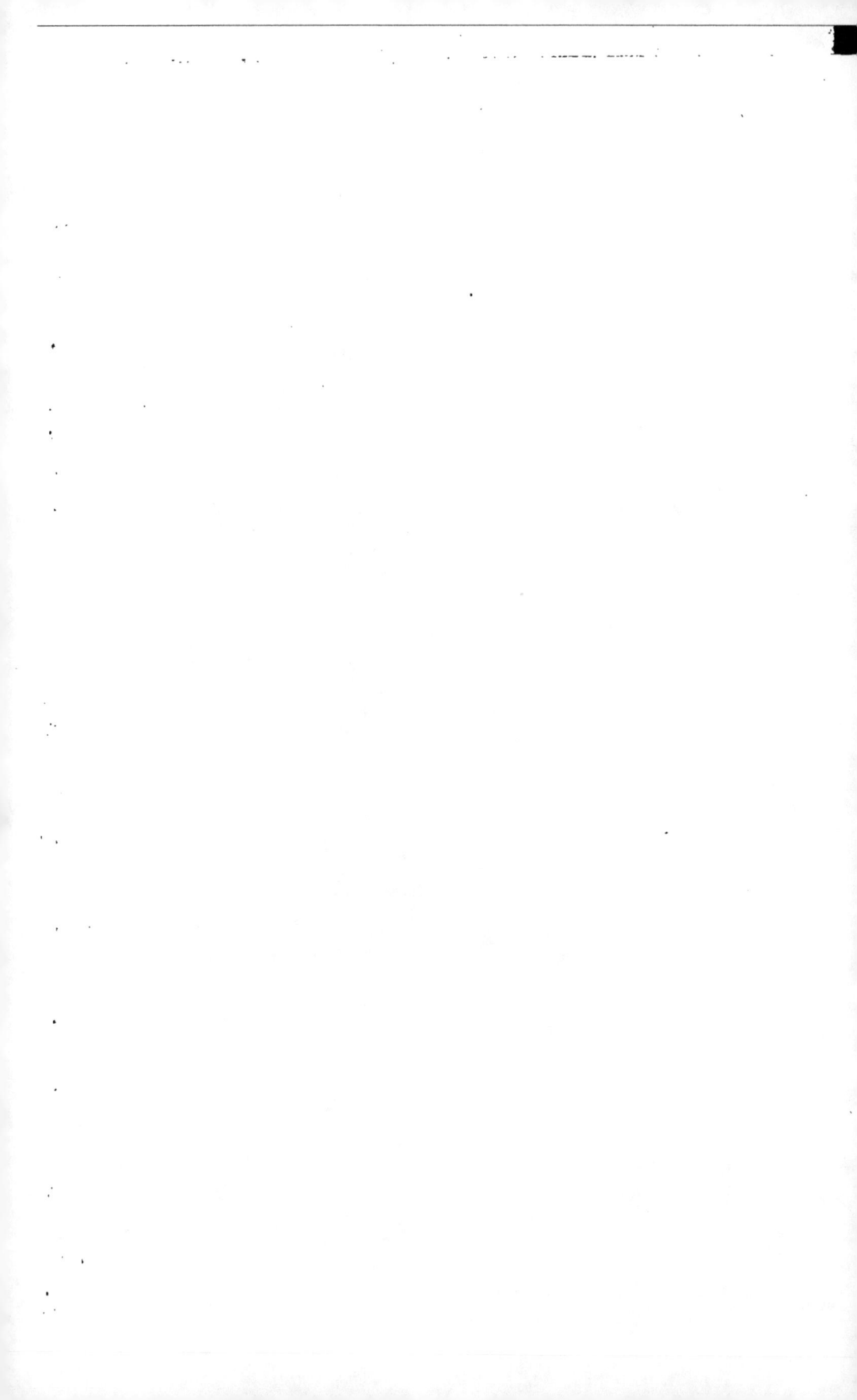

INTRODUCTION

POUR LE LIVRE DEUXIÈME

AVIS IMPORTANT

A première vue, ne découvre-t-on pas de suite,
qu'en présence de ces diverses natures de grains, ce
n'est pas avec la même nature de pierre que l'on
peut les convertir en farine, car toutes les pierres
pourraient les pulvériser sans qu'on obtienne les résultats désirables. Faire de la poudre n'est pas faire
de la farine.

La majeure partie des carrières à meules offrent
diverses variétés de pierres pleines ou éveillées et
que l'intelligence du fabricant de meules peut uti-
liser facilement; on pourrait supposer ainsi que la
nature a mis les fabricants à même de satisfaire aux
diverses méthodes, sans les obliger à avoir une mul-
titude de carrières; de bonnes carrières entre les
mains d'inintelligents fabricants de meules, ont pour

résultat ce qu'un inintelligent meunier peut tirer des meules de première qualité.

Si la nature a donné à l'homme les moyens de travailler, soit matériellement parlant, soit intellectuellement parlant, il faut qu'il sache en tirer parti.

Pour être bon fabricant de meules on ne doit pas s'endormir sur sa situation financière personnelle, vivre sur une réputation dont on n'a plus que le nom, indiquer une provenance qui n'est pas vraie; tromper ainsi sur la qualité de la marchandise promise; c'est une industrie de confiance et de savoir, car à chaque pas que l'on fait dans ce métier on rencontre des difficultés continuelles que l'intelligence, la vigilance, l'étude et l'activité peuvent seules surmonter.

C'est pourquoi nous avons voulu, avant de nous occuper des meules, traiter dans le premier livre de cet ouvrage, un peu superficiellement, la question des grains, afin d'arriver à expliquer que l'attention du fabricant, pour choisir sa pierre, doit se porter sur la nature du grain à moudre, la manière de faire du meunier, et la contrée où la meule doit fonctionner.

C'est le moment de signaler aussi qu'outre les difficultés nombreuses que le fabricant rencontre dans la nature du grain, il s'en trouve diverses autres comme :

Les blés mal nettoyés et pleins de pierres ;

Les blés chargés d'ail ;

Les blés graissés pour leur donner un peu d'œil ;

Et le mélange enfin de toutes sortes de blés que certains meuniers préfèrent au mélange ultérieur de la farine, plutôt que de moudre séparément chaque nature de grains.

N'est-il point facile, maintenant, de comprendre la tâche laborieuse du fabricant de meules qui a à cœur de bien livrer, de donner des meules bien conditionnées et appropriées au travail du meunier, à la nature de ses grains? N'est-ce pas par une étude approfondie et par une grande expérience qu'il peut atteindre ce but?

Il ne suffit pas de dire que toute pierre dure est propre à la mouture des grains; sa dureté n'est que sa première qualité indispensable, et faut-il encore qu'elle soit relative! disons de suite qu'il faut écarter toute pierre renfermant des parties siliceuses, plus ou moins agglutinées, afin d'éviter que la farine soit mélangée de poussière nuisible à l'économie animale.

4

En seconde ligne, on demande aux pierres une parfaite cohésion : le nerf, et qu'elle n'éclate pas sous le marteau.

On sait que la mouture n'est pas, à proprement parler, l'écrasement du grain ; c'est une décortication progressive qui tend à enlever le son ou par la pression, ou par le cisaillement de manière que les grains roulés du centre à la circonférence, en soient dépouillés totalement, sans le briser, pour avoir une mouture blanche.

Ceci était nécessaire à indiquer entre nos observations sur la nature des grains, et celles qui vont suivre, sur la fabrication des meules.

Avant d'ouvrir le deuxième livre qui traite de la fabrication des meules, disons qu'il y a trois catégories de meules :

Les meules françaises (ancien système) ;

Les meules demi-anglaises ;

Les meules anglaises.

Les meules françaises sont employées dans les moulins de campagne, pour les blés seuls, ou pour les blés et seigles, les orges, les seigles seuls, les avoines.

Les meules demi-anglaises sont employées pour

des moutures de grains tendres, ou bien de blés durs fortement mouillés ou lavés, et aussi par des meuniers qui ne connaissent pas le rhabillage perfectionné ; ce sont les meules qui conviennent le mieux pour remoudre les gruaux, et dans les brasseries et distilleries.

Les meules anglaises, dénommées à tort ainsi, ont été importées d'Amérique ; elles sont employées avec succès dans les grandes usines ; et se construisent avec un silex compacte, mordant et nerveux, mais elles se fabriquent en France pour la plus grande partie ; et si les étrangers font ces meules, c'est avec le produit des carrières de France, notamment de La Ferté-sous-Jouarre.

JULES BERTRAND,

M^d de Meules à La Ferté-sous-Jouarre.

LIVRE DEUXIÈME

DES MEULES A MOULINS

SECTION PREMIÈRE.

De l'extraction de la pierre meulière.

C'est au bassin de Paris qu'appartient le premier et le plus riche groupe de carrières de pierres meulières, où dans la partie centrale se trouve à une altitude de 75 à 150 mètres au-dessus du niveau de la mer, la ville de La Ferté-sous-Jouarre (Seine-et-Marne), si renommée dans le monde entier par la quantité tout à fait exceptionnelle de ses pierres meulières plus spécialement propres à la mouture du froment.

On trouve aussi dans le département d'Eure-et-Loir, à Épernon, des pierres meulières, généralement compactes, et ne possédant pas les porosités désignées en meunerie sous le nom d'éveillures naturelles qui constituent la qualité exceptionnelle des pierres meulières de La Ferté-sous-Jouarre.

Le bassin de la Loire, près Cinq-Mars-la-Pile, possède la même formation qu'à Épernon.

Le bassin de la Garonne renferme aussi des gisements meuliers, ainsi que le bassin de la Dordogne.

On trouve aussi des pierres meulières dans la Drôme.

Les environs de Poitiers offrent aussi des gisements importants.

Dans toutes les diverses carrières où le gisement meulier se trouve, l'exploitation ne peut avoir lieu qu'à ciel ouvert, bien que souvent la pierre soit assez profondément enterrée.

C'est à l'aide du terrassement, que l'on peut mettre à jour la pierre à exploiter; les déblais se font soit à la hotte, soit à la brouette, ou à l'aide des chemins de fer sur lesquels roulent des petits vagonnets, conduits à la main, ou élevés à l'aide de treuils mus à la main ou par machine à vapeur; la situation de la carrière guide l'exploitant dans la direction de ses travaux.

Assez souvent l'exploitant a à lutter contre une

grande abondance d'eau, qu'il épuise avec des tran-
chées dites d'épuisement, des bascules à bras
d'homme, des siphons, ou des pompes, selon l'inclinaison des terrains.

Mais le terrassement et l'enlèvement des eaux
sont toujours des travaux trop dispendieux qu'il faut
savoir conduire avec sagesse. Nous ne dirons pas
avec parcimonie, seulement avec économie entendue et étendue à tout ce qui peut être fait au meilleur marché possible, car après l'acquisition des terrains, ces frais sont les premières dépenses à calculer
pour avoir le prix de revient de la pierre.

Cette opération terminée, il faut extraire la roche
découverte. Aussitôt qu'elle a été soulevée, on la re-
tourne pour l'examiner, ou, si elle est d'un volume
trop gros, on la fend à l'aide de la mine, ou au moyen
de coins que l'on enfonce dans des raies tracées au
marteau à cet effet.

Ensuite on examine la nature de la pierre pour
la diviser selon la propriété qui lui est propre :

Si le bloc est poreux, on le débite en grands et
gros morceaux pour faire des meules françaises ;

S'il est à moyennes porosités, il est taillé pour
faire des meules 1/2 anglaises ;

S'il offre des parties pleines, on retranche toutes les parties troueuses, afin d'avoir de la pierre propre à la fabrication des meules anglaises.

Il se rencontre des natures de pierre dans certaines carrières qui se débitent les unes pour faire des cœurs ou boitards de meules, les autres pour faire des carreaux et panneaux qui se vendent pour l'exportation; et enfin d'autres pierres dures, qui ne peuvent être employées que pour la fabrication des meules dont on se sert dans les fabriques de produits chimiques, plâtres, ciment, etc.

Lorsque l'extraction et la fente de la pierre sont terminées, les ouvriers épluchent en dégrossissant la surface qui doit servir de moulage; ils assainissent la pierre en détachant les parties sourdes et inutiles qui deviennent des déchets pour la construction.

Puis ces pierres passent entre les mains d'un autre ouvrier qu'on appelle « *épaneleur* ou *épaneur*. » Le travail de celui-ci consiste à reprendre la surface dégrossie et à la dresser à la règle; c'est alors que l'on peut mieux apprécier la qualité de la pierre, ses nuances, et que la classification indiquée plus haut se rectifie.

SECTION DEUXIÈME.

De la fabrication des meules.

§ I.

Nous venons de dire qu'aussitôt que la pierre est épanelée elle est classée, suivant sa forme, par catégorie, d'après sa nuance, sa qualité, sa dureté, sa vivacité et sa porosité; on la place à l'ombre en l'arrosant continuellement, pour mieux l'apprécier ; enfin, on procède à son assortiment en raison de la meule que l'on veut faire.

Ceci dit nous allons en quelques mots expliquer la fabrication des meules, en général :

Les meules françaises, à grandes porosités, se fabriquent d'une seule ou de plusieurs pièces.

Les meules 1/2 anglaises se fabriquent comme les meules anglaises; elles sont généralement faites, surtout lorsqu'elles sont demandées très-éveillées, avec de plus grands morceaux que les meules anglaises.

Les meules anglaises sont d'une fabrication plus difficile; elles demandent beaucoup plus de soins que les meules françaises; pour ces meules, comme pour

les demi-anglaises on remet à l'ouvrier qui est ap·
pelé fabricant, *un boitard ou cœur* d'une nature
de pierre qu'il faut approprier au désir du meunier,
car, si plusieurs prétendent que le boitard ne travaille pas, d'autres disent qu'il sert à concasser ou à
préparer le grain ; d'autres veulent des boitards
pleins et durs, d'autres enfin les veulent éveillés ;
c'est au milieu de ces avis partagés que le fabricant
est chargé de se sortir d'embarras.

Après le boitard, viennent les morceaux qui doivent servir à l'*entre-pied* et à la *feuillure* ; l'ouvrier ne doit les employer qu'après un nouvel examen du choix et de l'assortissement de la pierre ; le
patron doit veiller, avec l'aide de son contre-maître,
que l'ajustement des morceaux ait lieu avec solidité
et précision; leur taille doit autant que possible
laisser la même épaisseur dans les angles que dans
les joints.

Le collage des morceaux se fait avec un ciment
qui, bien employé, doit tellement durcir qu'il fera
corps avec la pierre, et préservera ainsi les joints de
dégradations causées soit par les blés, soit par les
pierres qui s'y trouvent dans le moment où les
meules sont en marche, soit par le rhabillage.

De plus nous avons reconnu que le collage au ciment avait l'avantage de ne point faire éprouver à
la meule un mouvement rentrant ou sortant que lui
donnait autrefois l'action du plâtre ; en effet on était
surpris de voir que des meules qui ne travaillaient
pas perdaient leur entrée ou devenaient rondes, ce
qui ne se remarque pas dans l'emploi du ciment.

On donne au boitard ou cœur la forme d'un octogone, autant que possible régulière, ce n'est pas
une nécessité. Cela flatte l'œil ; il vaudrait mieux,
à cause des joints, un boitard irrégulier, parce que
lorsque le grain arrive à la hauteur des joints du
boitard il n'est pas assez comprimé, et est encore
assez résistant pour dégrader les joints du boitard,
qui tendent toujours à s'élargir.

Lorsque le travail de fabrication est achevé les
meules sont abattues et mises à plat dans le chantier,
le moulage en dessous ; puis on fait chauffer un cercle au rouge brun, qui est d'une circonférence
moins grande que la meule, puisque l'action du feu
tend à l'allonger ; et, à l'aide de traits à cercler les
meules, on le fait entrer avec force, de manière
qu'en refroidissant il exerce une pression considérable sur tout l'ensemble et fasse en quelque sorte

une meule d'un seul morceau. On reconnaît que l'opération est bien faite, lorsque la meule soumise au choc du marteau sonne comme une véritable cloche.

§ II.

La meule ainsi fabriquée passe entre les mains du dresseur.

L'outil principal du dresseur est la règle à dresser. Pour empêcher que cette règle soit tourmentée par l'humidité ou la chaleur, elle doit se composer de trois règles assemblées par des boulons.

Et l'on obtient son dressage parfait à l'aide d'un régulateur, ou règle en fonte de 2^m de longueur sur 10 à 12^c de largeur et 5 à 6^c d'épaisseur, encastrée dans une pièce de chêne qui est adossée le long du mur ou supportée par des chevalets.

Le régulateur est dressé à l'aide de moyens mécaniques employés dans les ateliers de construction et sa surface est ensuite polie à l'émeri, ce qui assure qu'il est d'une perfection mathématique.

Pour vérifier les règles à dresser, on enduit le régulateur d'huile et on place sur sa surface celle de la règle en bois. Si l'huile s'attache d'une manière uniforme sur la surface de la règle en bois, c'est une preuve qu'elle est parfaitement dressée; si au contraire elle ne s'attache que sur certains points, c'est une preuve qu'il y a des parties saillantes qu'il faut enlever soit avec du verre, soit avec un racloir en acier, jusqu'à ce que l'adhérence des deux surfaces, fonte et bois, soit parfaite.

Lorsque le dresseur procède à la vérification de sa meule, à l'aide de la règle, il imbibe un pinceau d'une couleur composée d'ocre rouge impalpable et d'eau (appelée rouge), et il enduit la surface de la règle, qu'il passe dans tous les sens sur le moulage de meule, et c'est alors que les points en saillie s'emparent du rouge de la règle et indiquent les parties qui doivent être enlevées.

Le dressage se fait en deux fois : dans la première opération on divise la meule en quatre parties que l'on dégrossit, et dans la seconde on passe des rouges aussi longtemps que la règle porte sur des parties hautes.

§ III.

Après le dressage vient le rayonnage. Le plus souvent c'est le même ouvrier qui fait ces deux sortes de travail.

Les meules doivent se diviser en rayons et en portants.

Les rayons ou canaux servent à la conduite régulière des grains depuis le centre jusqu'à la circonférence, et pour assurer la circulation de l'air.

Les portants reçoivent des ciselures parallèles, faites pour donner du mordant, que l'on appelle le rhabillage ; nous parlerons plus loin du mode de rhabillage.

Suivant M. Grandvionnet, chaque grain de blé arrivant par l'œillard tombe sur la meule à une certaine distance du centre de rotation : cet ellipsoïde pesant reçoit tangentiellement à l'instant où il touche la meule, une action perpendiculaire au rayon de la meule et, par suite, il tend à tourner sur lui-même ; n'ayant pour modérer l'action de rotation que l'action de son poids ; l'effet du choc de la meule sur chaque grain qui tombe est donc de le faire rouler perpendiculairement au rayon; mais en roulant ainsi tangentiellement au cercle décrit par le point de contact de la meule avec le grain, celui-ci s'écarte du centre et reçoit alors une action de plus en plus rapide qui tend à le faire rouler plus vite dans le même sens; et ainsi, de plus en plus, le grain, selon que la meule tourne à droite ou à gauche, s'écarte de plus en plus du centre avec une vitesse qui dépend du frottement et de la grosseur des grains de blé. Comme le blé, par l'effet des meules, diminue de plus en plus de diamètre, le coëfficient de frottement de roulement, devient de plus en plus grand, ce qui tend à diminuer constamment la vitesse, tandis que l'éloignement du centre tend à l'augmenter; la spirale est donc parcourue par le blé d'un mouvement plus accéléré ou même uniforme.

Ce qui est certain, c'est que le blé, au fur et à mesure qu'il diminue de volume, marche en roulant du centre à la circonférence de la meule qu'il franchit enfin à l'état de farine.

Dans cette marche centrifuge, le blé suit les rayons et est rencontré par les arêtes de la meule fixe qui, avec celle de sens opposé, que présente la meule courante, fait l'effet d'une cisaille pour décortiquer le blé en tendant à le faire tourner sur lui-même.

Pour que ce cisaillement soit efficace, il faut que les arêtes se rencontrent sous un angle assez petit, et d'autant plus que l'on approche plus de la fin de l'opération.

C'est justement ce qui n'est généralement pas assez observé.

Sur ce sujet disons que le rayonnage doit être laissé aux soins du fabricant, pour la division, le nombre des rayons selon la mouture que le client fait, la nature du grain et l'éveillure de la pierre, ainsi que son plus ou moins de vivacité.

On fait quelquefois des rayons courbes; il nous semble que ce système ne peut être appliqué avec avantage qu'aux meules destinées à faire les gruaux, système hongrois annulaire; leur rhabillage est plus difficile.

Les rayons plats sont ceux inventés par les Américains.

Le trait rouge doit rester intact dans toute sa longueur; sa vive arête doit être bien droite; il faut pour que les rayons ne brisent pas les sons,

qu'ils soient bien polis. Les aspérités produites par
les coups de marteau et qu'on aurait eu soin de
rapprocher en seraient la cause ; au contraire, si le
dedans des rayons a été bien fait, les sons auront
une largeur convenable et seront parfaitement vidés; on peut leur donner un peu de concavité dans
certains cas.

§ IV.

Le rechargement des meules est un travail qui ne
consiste pas seulement dans une maçonnerie ordinaire, il convient qu'il soit fait avec une certaine intelligence ; non-seulement pour que la meule soit
d'une épaisseur uniforme, mais encore pour qu'elle
soit parfaitement cylindrique ou ronde, et surtout
pour qu'elle soit exactement équilibrée.

Pour arriver à une équilibration à peu près parfaite (ce qu'il est difficile de faire exactement par
suite de l'humidité que contiennent les pierres et le
plâtre qui s'évapore ensuite), il faut, avant de commencer le rechargement, sceller l'anille, puis placer
ensuite la meule , à l'aide de l'anille pointal , et
poser les pierres de rechargement comme lorsqu'on les met sur des balances, et en ayant soin

de placer au-dessous de la ligne du centre de gravité qui partage la meule en deux parties à la rencontre du pointal avec le dé de l'anille, toutes pierres ayant la même densité; soin indispensable pour arriver plus tard à l'équilibration en marche ou en mouvement.

Cette équilibration s'appelle: *Équilibrer en repos*.

Et sous un titre spécial nous parlerons de l'équilibration en mouvement. (Voir livre 3e, ii.)

Pendant que l'on procède au rechargement on place des douilles, ou des boîtes qui servent à lever les meules courantes selon qu'elles se retournent au palan, à la moufle, au treuil, au demi-cercle de potence; il est d'usage de mettre des douilles aux gisantes.

Les meules courantes sont encore munies de quatre boîtes ou contre-moulages que l'on nomme boîte d'équilibre, mais qui ne servent à rien; l'équilibration, comme nous le disons plus loin, ne peut se faire régulièrement au-dessus de la ligne du centre de gravité : c'est par habitude qu'elles sont mises pour que certains meuniers qui ne les verraient pas ne supposent pas que leurs meules ne sont pas équilibrées.

L'épaisseur du rechargement est pour la gisante, y compris la pierre d'œuvre de 0,27 cent. et pour les courantes de 26 à 30 cent. bombées; la forme bombée a un grand avantage pour aider à l'équilibration, seulement elle ne convient pas à tous les meuniers qui préfèrent une surface plate dont ils ont besoin pour placer les meules au moment où on les relève pour le rhabillage.

Enfin on termine le rechargement par un large cercle pour maintenir les bords du contre-moulage.

§ V.

Avant de faire l'expédition des meules au client, chaque morceau de pierre doit être sondé pour voir s'il est sain, et s'il sonne bien sous le marteau.

Ensuite on fait passer un certain nombre de rouges, suivant que le meunier a demandé un certain rapprochage.

Généralement ce sont d'anciens gardes-moulins, ou des gardes-moulins sans place qui font cette opération.

Les rayons sont refaits, ainsi que les talons.

On régularise l'entrée des meules qui doit être

pour les deux de l'épaisseur d'une pièce de 10 cent. sauf à la modifier au moulin suivant nos données ci-après, où nous expliquons comment l'entrée doit être calculée pour avoir une bonne tenue de meules.

§ VI.

Pour la commande d'une paire de meules, il est indispensable de transmettre la réponse aux questions suivantes (1) :

1. Le genre des meules { anglaises / 1/2 anglaises / ou françaises } { nature du grain, / et quelle mouture, / ronde ou plate.

2. Le diamètre exact.

3. Le sens du rayonnage. { à droite si c'est comme le soleil / ou comme les aiguilles d'une montre.

4. Nature du boitard ou cœur. { plein / ou éveillé.

5. L'épaisseur de la gisante.
    Id.   de la courante.

6. Œillards de la gisante.
    Id.   de la courante.

7. Dimension de l'anillage.

8. Comment on lève la courante.

Nous ne terminerons pas ce paragraphe sans ajouter un mot.

(1) Jules Bertrand, auteur du présent ouvrage, marchand de Meules à La Ferté-sous-Jouarre.

Il y a quarante ans que la meunerie était un métier généralement exercé par des hommes de la campagne, la plupart sans instruction et par conséquent
privés des plus simples notions de la mécanique :
quiconque pouvait se procurer une chute d'eau s'em-
pressait, à l'aide du charron de son village, d'y établir
un moulin.

La meunerie actuelle a fait des progrès tellement
rapides qu'elle peut et doit être classée à la tête de
l'industrie manufacturière : la filature, la papeterie,
la laminerie, la scierie, et toutes les autres industries
enfin n'ont plus qu'un reproche à lui adresser, c'est
d'être arrivée la dernière quand, tout au contraire,
elle devait naturellement les devancer à cause de la
nécessité absolue de ses produits.

Il faut aujourd'hui, pour être meunier, des connaissances mécaniques assez étendues, et avant tout,
une expérience consommée sur les différentes natures et qualités des pierres meulières; car un moulin monté par un mécanicien habile ne donnera que
de très-mauvais résultats, si les meules sont mauvaises, tandis qu'au contraire, il fera toujours bien
avec des meules de bonne qualité.

En général, les meuniers n'attachent pas assez

d'importance au choix des meules; cependant cet
agent principal de la mouture peut faire varier en
plus ou en moins les quantités des produits. On se
fera une idée de l'importance des pertes subies, en
considérant qu'une meule fait 100 tours par minute
et 144,000 en 24 heures. Si chaque tour laisse adhérente au son une parcelle quelconque de farine,
quelque minime qu'elle soit, cette farine pour un
seul jour, s'élèvera à une valeur de 10 à 15 francs,
soit au moins 4,000 fr. par année; or des meules
durent 15, 20 et 30 ans. Voyez la perte!

On ne saurait trop le répéter, les bonnes meules
font la fortune des meuniers, il faut donc apporter
les plus grands soins à leur choix, ne pas craindre
de les payer un prix élevé : car tel meunier aurait
fait ses affaires en payant très-cher de bonnes meules, que tel autre se ruine en se servant de mauvaises meules.

La différence de produit et de quantité des meules
de médiocre et de supérieure qualité est inappré-
ciable. Qu'on ne perde pas de vue cette différence;
comme leur travail est de tous les instants, c'est
surtout, et plus particulièrement encore, pour le
système de mouture anglais, que l'on doit s'attacher

à n'employer que d'excellentes meules, attendu que dans ce genre de mouture la vitesse supplée à la surface, et qu'il importe d'avoir des pierres qui conservent le plus longtemps possible les vives arêtes antérieures du rhabillage et des sillons. On doit donc s'attacher à des meules qui soient à la fois très-dures, bien garnies, sans être compactes, et qui prennent bien la taille.

JULES BERTRAND,

M^d de Meules à La Ferté-sous-Jouarre.

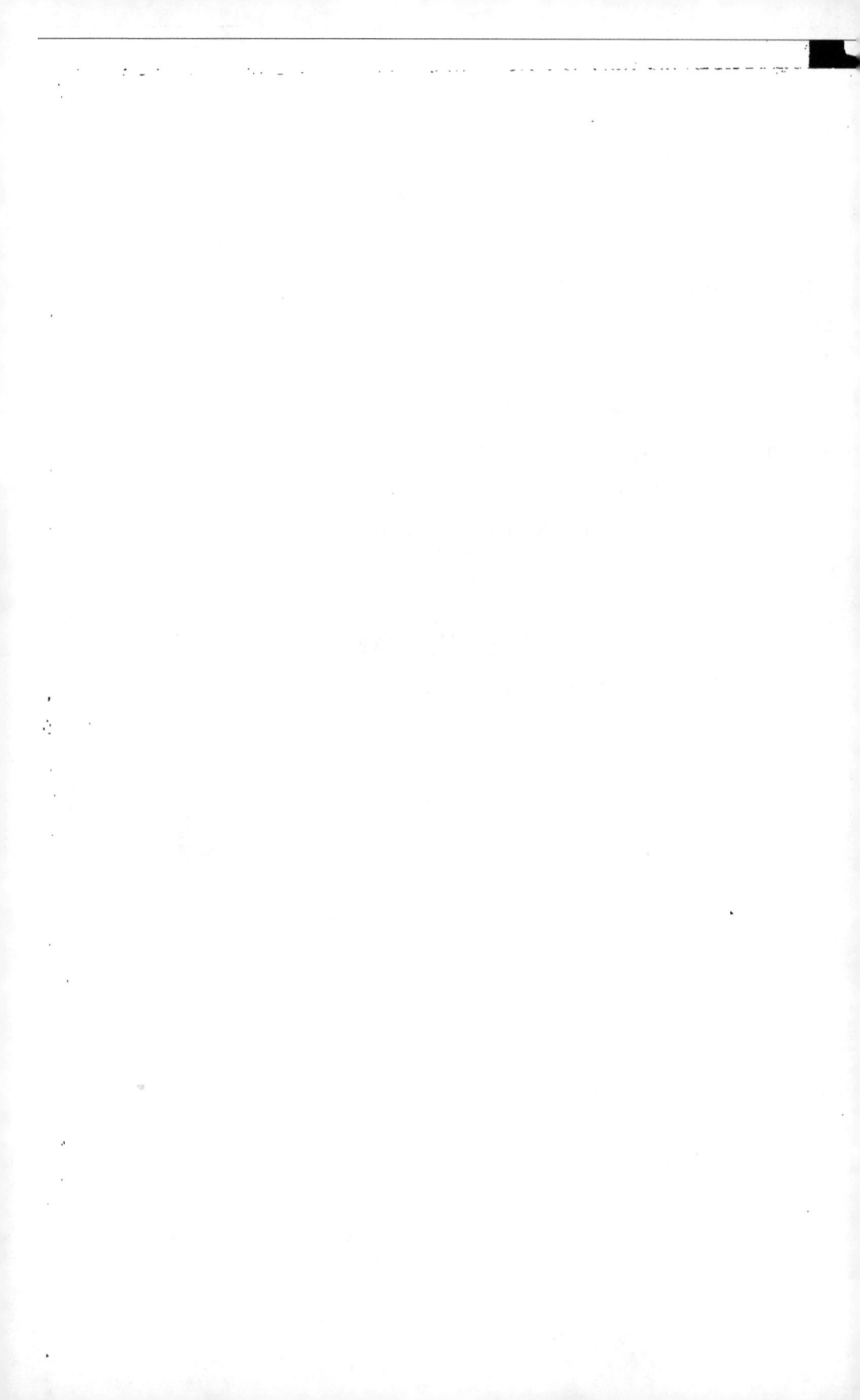

INTRODUCTION

AU LIVRE TROISIÈME

Nous croyons avoir indiqué ce qui constitue la fabrication des meules, et tout le travail que le fabricant a à faire avant la livraison, à la meunerie, des meules qui lui sont commandées.

Notre intention n'est point de borner là les renseignements que nous avons voulu consigner dans cet ouvrage.

Nous allons dans le troisième livre nous occuper des meules lorsqu'elles sont dans les moulins, et pour cela nous puiserons une grande partie de nos documents dans un ouvrage, auquel nous avons déjà collaboré en 1864, imprimé en Belgique, et dont l'auteur, Jean-Baptiste Catin, était ancien meunier du rayon de Paris.

Nous avons été porté à établir cette troisième partie, parce que, suivant l'auteur cité, divers meuniers méconnaissent souvent leurs intérêts, en ignorant l'importance d'une bonne tenue et d'une bonne direction de meules; ils laissent, dit-il, soit par inexpérience, soit par oubli, passer inaperçus les progrès réalisés; ils restent volontiers dans les habitudes arriérées, sans se faire une idée raisonnable des améliorations qu'ils pourraient obtenir d'un procédé méthodique résumant les connaissances requises pour l'état, et les avantages obtenus avec le temps par la science et une bonne application pratique.

Il est évident que la grande difficulté consiste à savoir bien tenir et diriger les meules.

Beaucoup de meuniers ne comprennent pas de quelle manière se fait l'opération de la mouture à l'intérieur des meules; ou s'ils s'en rendent compte, ils ne savent rien changer dans l'action des meules; dès lors ils ne peuvent modifier la fabrication ni améliorer les produits.

D'autres ne se font pas une idée du préjudice que cause un excès de chaleur des meules, et des déchets qui en sont la conséquence, car par la déperdition de l'eau végétative que contiennent les blés à leur état naturel le gluten sort de sa condition, lié à d'autres principes, s'altère et ne peut plus donner le pain savoureux, substantiel qu'on devait en espérer; or, comme ces mêmes principes sont aussi ceux qui se détruisent le plus facilement par la chaleur et la pression des meules, il est évident qu'on doit savoir parfaitement parer à ce danger en maintenant une température normale entre les meules. Mais le plus souvent c'est leur mauvais entretien, leur mauvaise qualité et leur mauvais état qui sollicitent une trop forte pression et amènent un excès de chaleur.

Voilà des causes très-simples de mauvaise exécution et de grands préjudices auxquels il serait facile de remédier. Cependant beaucoup ne le peuvent pas faute de simples renseignements, et tous les intérêts en souffrent. (Catin : *Manuel de la mouture anglaise.*)

Ce sont ces renseignements que nous allons chercher à leur procurer.

JULES BERTRAND,

M^d de Meules à La Ferté-sous-Jouarre.

LIVRE TROISIÈME

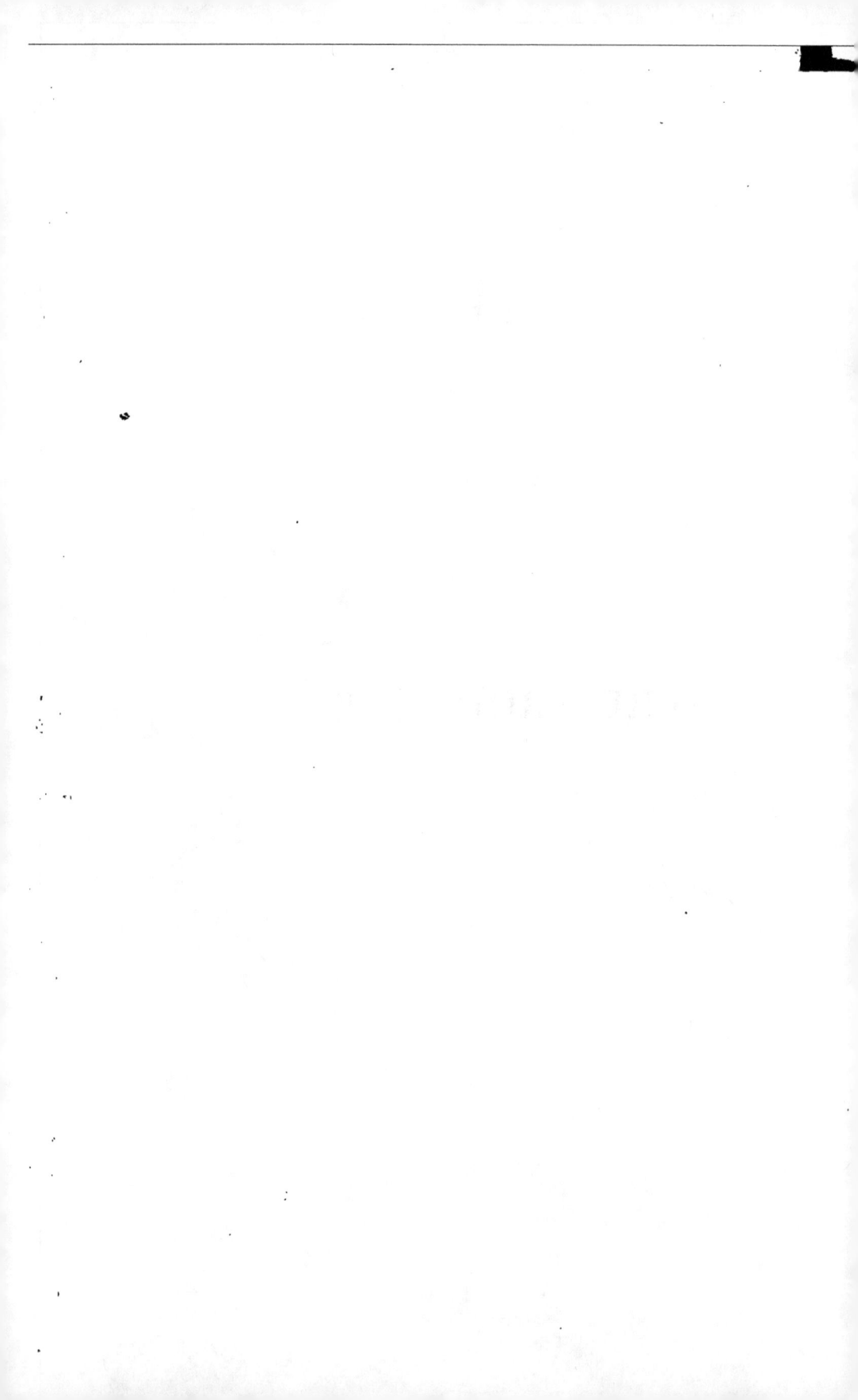

TENUE DES MEULES

SECTION PREMIÈRE

De la mise en place et de la mise en mouture (1).

I. — *Mise en place du gîte.*

Toutes les opérations que l'on peut avoir à exécuter au sujet de la mise en place des meules gisantes, sont : de placer la paillette en fonte destinée à maintenir le pas qui doit recevoir la pointe du fer des meules ; ensuite on place cette meule à la hauteur déterminée par le mécanisme du moulin ; on plombe la meule par le point de centre de manière que le plomb tombe bien dans le pas où doit porter la pointe du fer, ou pointal.

---

(1) J.-B. Catin.

Le gîte doit être immobile et avoir sa face bien horizontale; c'est à l'aide d'un niveau à bulle d'air adossé à une règle de bois, bien dressée, placée sur la meule que l'on voit si la meule est bien horizontale; si elle ne l'était pas on la ramènerait à cette position, soit au moyen de coins de bois, soit à l'aide de vis de règlement; il suffit que leur nombre soit de six, dont trois de règlement et trois pour centrer la meule; il faut ensuite placer le fer bien au centre et s'assurer s'il est bien vertical.

II. — *Mise en route de la meule courante.*

Si l'anille a été ajustée par le fabricant de meules il faut vérifier si le point central est bien au milieu; si elle est bien horizontale, car le scellement des anilles est un point important, il exige beaucoup de précautions puisqu'il ne faut pas que la meule soit gênée dans son mouvement de rotation et qu'elle tourne bien d'une manière circulaire afin qu'elle travaille sur toutes ses faces et qu'elle pousse la marchandise avec régularité.

Il est urgent que les deux bras de l'anille n'éprouvent pas non plus de gêne dans le mancheron, et que le balancement s'opère sans aucune résistance;

s'il arrive que la touche de l'anille ne soit pas à l'aise, qu'il n'y ait qu'un côté de mancheron qui conduise la meule on devra recourir à la lime pour enlever la fonte jusqu'à ce que les deux côtés du mancheron attaquent parfaitement ensemble. Cette opération se fait au moyen de deux petites feuilles de papier que l'on place de chaque côté du mancheron, entre la touche de celui-ci et celle de l'anille du côté où le mancheron conduit la meule ; on appuiera ensuite légèrement le mancheron contre l'anille, et si les deux feuilles de papier sont serrées ensemble entre la touche et l'anille on aura la preuve que celle-ci est bien ajustée.

On s'assure ensuite de l'équilibration de la meule en repos ; cette équilibration a lieu à l'aide de charges de pierre ou de plomb, mais elle n'est pas ainsi suffisante car lorsque la meule est en mouvement elle peut ne plus être équilibrée, comme nous allons l'expliquer.

Nous avons traité autrefois cette question puisque nous avons été pourvu d'un brevet que nous n'avons pas renouvelé (Brevet n° 67949, 10 août 1865, Bertrand (Jules-Dominique), double système d'équilibration pour les meules courantes des moulins).

Les règles de physique sur lesquelles repose le principe se trouvent consignées dans l'ouvrage de M. A. A. Boudsot, ingénieur civil ; Revue générale de l'architecture et des travaux publics, sciences et arts, par César Duly, année 1841, 2ᵉ volume.

Rien n'est plus facile pour chaque meunier que d'équilibrer ses meules, après qu'elles ont été bien préparées par le fabricant, comme nous l'avons expliqué plus haut.

Comme les meuniers n'ont pas à leur disposition l'ouvrage précité, nous avons à leur expliquer ici comment se fait l'opération.

Le système de l'équilibration en mouvement repose sur la ligne du centre de gravité qui se détermine par les points de rencontre de l'anille avec le pointal. La meule se trouve partagée ainsi en deux parties ; c'est donc cette ligne qui sert de point de départ à la ligne d'opération.

Lorsque la meule bien équilibrée en repos se trouve mise en mouvement et qu'elle traîne sur certains points, il faut descendre du côté opposé au moulage vis-à-vis la partie qui traîne un plomb placé au-dessous de la ligne du centre de gravité : les meuniers supposent que cette partie traînante est la plus lourde; au contraire, elle ne traine que parce qu'elle est composée de morceaux moins denses; c'est ainsi que l'on se sert de boîtes d'équilibration à poids mobiles.

Pour que la démonstration soit saisissante, le meunier peut prendre un caillou et un morceau de plomb de la même pesanteur, et les attacher l'un à l'autre à une ficelle d'égale longueur, il verra que le plomb, parce qu'il est plus dense, prendra plus rapidement l'horizontalité : effet qui se produit dans les meules qui contiennent des morceaux plus ou moins durs, plus ou moins denses.

C'est un grand point que l'équilibration entendue des meules, suivant les remarques que nous allons signaler :

I. — Les meules bien équilibrées adhèrent mieux l'une à l'autre, leur contact est entièrement juste et égal sur l'entière surface ; ce qui fait que les meules portant bien partout s'usent uniformément et qu'on peut éviter ainsi un rhabillage fréquent.

II. — Si elles marchent bien horizontalement, la pression n'est pas indue ni saccadée ; la mouture est régulière, plus fine au toucher ; la boulange moins chaude, plus affleurée ; le son est mieux dépouillé et plus large ; la fabrication est plus prompte et abondante, et le rendement en farine est plus grand, car on évite des remoulages de gruau.

III. — La farine devient exempte de rousses ou de piqûres.

IV. — L'arbre ne peut s'échauffer ni se déplacer par des secousses ; on évite une usure insolite dans la construction ou dans les machines.

Ces indications paraissent nous suffire pour attirer l'attention des meuniers *non pas sans souci*, mais du meunier soucieux.

Nous ne pouvons terminer ce sujet sans dire que les courantes doivent être munies d'une petite ailette qui sert à faire circuler la farine pour la conduire aux refroidisseurs ou aux godets de transmission.

III. — *Mise en marche des meules neuves.*

Après avoir opéré l'équilibre des meules dans les conditions indiquées précédemment, et disposé tous les attirails nécessaires à leur mise en marche, on leur donne à moudre 100 kilog. de rougeur. On les met en mouvement à grande vitesse en les rapprochant plus que par la mouture ordinaire et on leur

donne de la marchandise suffisamment, de manière
à leur faire employer cinq quarts d'heure pour réduire ce nombre de kilog. On doit toujours veiller
sur leur mouvement et ne pas les rapprocher trop
brusquement.

Lorsque le sac de son sera moulu, on lèvera la
meule pour la nettoyer convenablement. On éten-
dra du rouge sur la règle que l'on passera sans aban-
donner la circonférence de l'œillard. Ensuite on en-
lèvera le rouge que la règle aura déposé sur les parties les plus saillantes, au moyen de marteaux bien
tranchants. Si la règle avait porté dans l'entrepied,
on devrait blanchir ces parties; avant de remettre
les meules en marche, on passe une fois le rabot et
on blanchit les parties rougies; ceci terminé, on
leur fait subir une seconde épreuve par un travail
semblable au premier, en les tenant moins rapprochées que la première fois. La mouture des rougeurs
finies, on relève la meule de nouveau : si les surfaces sont bien droites et que la règle ait porté sur
toute la feuillure, on rhabille les meules; on vérifie
si elles ont assez d'entrée et alors on peut travailler sur blé sans craindre de faire une mauvaise
mouture.

Si, au contraire, les meules ne sont pas droites, s'il s'y est formé des cordons comme cela arrive assez souvent, il sera indispensable de les faire disparaître. On passera la règle autant de fois qu'il le faudra pour que la pierre soit parfaitement rapprochée ; on les mettra un instant en mouvement, puis on lèvera de nouveau la meule courante pour procéder à la rhabillure ; alors on pourra moudre. Il faudra aussi s'assurer, avant la mise en marche définitive, s'il n'y a rien de dérangé dans l'accord des meules.

Il faut éviter de rhabiller les meules avec du sable; on se sert quelquefois d'eau ; mais cela a l'inconvénient d'en joncher sur le plancher.

Le mieux est de se servir d'un carreau à pierre assez tendre que l'on passe souvent sur les meules.

IV. — *Du rhabillage.*

Le rhabillage n'est pas une invention nouvelle, l'usage en est très-ancien; c'est ce qu'on appelait repiquer ou rebattre les meules lisses dans l'école française.

On sait que, quand les meules ont marché un certain temps, elles se trouvent plus ou moins dépourvues de leur mordant; les aspérités sont amoindries.

Dans l'école anglaise on appelle le travail nécessaire à rendre le mordant : *rhabillage.*

On se sert aussi du mot ciseler qui vient des coups de marteaux tracés sur les portants en lignes parallèles; il doit y avoir de 20 à 30 coups au pouce. Toutes ces lignes doivent être bien droites, bien régulières depuis l'extrême bord de la feuillure jusqu'au trait qui sépare le travail de la meule, de la partie ménagée.

Nous engageons les rhabilleurs à étudier les différentes parties de meules plus ou moins homogènes, à varier leurs procédés de rhabillage suivant les parties pleines ou poreuses de la meule.

Pour apprendre à rhabiller il ne faut pas perdre de vue que c'est la main droite qui doit conduire et diriger les coups de marteau et que la main gauche n'a absolument qu'à soulager la première qui tient l'extrémité du manche; la main gauche est chargée du poids du marteau; elle aide à le soulever et à appuyer le coup si les circonstances l'exigent; s'il arrive, par exemple, que la pierre soit dure, difficile à ciseler ou que les marteaux aient trop peu de mordant.

Il est facile de donner à un garde moulin peu éclairé, ou bien dont la vue commencerait à lui faire défaut, le moyen de rhabiller régulièrement ; c'est à l'aide d'une petite règle bien droite de la largeur des portants sur laquelle on adapte des fils que l'on place à la distance que l'on veut les uns des autres et que l'on fixe aux extrémités à l'aide de clous ou pitons, et que, une fois bien tendus, on enduit de rouge comme les règles ordinaires afin que ces fils marquent leur empreinte.

Il faut éviter le rhabillage trop serré, comme le rhabillage trop large ; et changer quelquefois son rhabillage lorsque l'on arrive vers les mois de juin et juillet, époque où les blés sont plus durs à moudre.

Lorsque l'on veut changer sa rhabillure, il suffit de la croiser et de la serrer de manière à renouveler la surface de la meule.

On ne doit pas oublier qu'il est nécessaire d'affûter souvent les marteaux, pour foncer la ciselure, sans éclater la pierre.

§ I. — *Du rhabillage des meules à la française.*

Le rhabillage des meules à la française est encore en usage dans quelques moulins des campagnes au préjudice des progrès de l'art. Anciennement les meuniers opéraient le repiquage avec des marteaux pointus, à grains d'orge, mais il y a longtemps que ce système est abandonné par les meuniers; autrefois on se bornait à repiquer les parties les plus pleines, actuellement les meuniers se servent de la règle pour procéder au rhabillage de leurs meules émoussées; ils se servent de marteaux plats afin de moins briser la pierre.

§ 11. — *Du rhabillage des meules anglaises.*

On devra se mettre en mesure, pour entreprendre le rhabillage, d'affûter d'avance les marteaux pour pouvoir s'en servir au moment où le besoin s'en fera sentir, afin de ne pas perdre un temps précieux.

Le moment arrivé, on lève les meules, on les lave soit à l'eau chaude soit à l'eau froide; ensuite on passe la règle : on examine les points où la règle a déposé le plus de rouge. Le rhabilleur alors prend un coussin pour s'en faire un accoudoir, afin que les coups de marteau soient plus sûrs, sans cela il ne pourrait ciseler régulièrement. Puis il se pose sur la meule de manière à avoir le corps penché à gauche et d'être accoudé du côté gauche; dans cette position il prend, de la main droite, le manche du marteau par son extrémité, le reçoit dans la main gauche à 6 ou 8 centimètres de la tête et se met à faire la ciselure en rapport avec la qualité de la pierre et avec les grains à moudre. Il ne faut jamais trop pousser les marteaux, c'est-à-dire que si on les use trop on les oblige à grainer et à faire éclater la pierre.

Il faut, au contraire, les changer toutes les fois qu'ils ne prennent pas bien la pierre.

Nous avons déjà dit que la meilleure rhabillure que l'on puisse tracer sur les meules pour la mouture du blé, est une rhabillure de trente coups au pouce; mais il faut qu'elle soit parfaitement régulière et foncée.

On sait que la vieille pierre ou plutôt la pierre lisse ne travaille et n'effleure pas non plus; qu'il n'y a que la nouvelle qui le fasse; pour qu'une meule travaille bien, il est indispensable de renouveler la surface de la pierre; par conséquent il est facile de comprendre qu'une rhabillure de trente coups au pouce laisse beaucoup moins de vieille pierre que par exemple une rhabillure de quinze au pouce; ou dans ce dernier cas, pour ne pas laisser trop de vieille pierre, il faudrait donner des coups de marteau beaucoup trop larges; alors on ferait éclater la pierre, ce qui produirait de très-mauvais effets sur la mouture. Les blés dans ce cas se brisent et s'échappent en gruaux; on est donc obligé de rapprocher les meules pour obtenir une farine plus douce au toucher; cela fait chauffer les meules d'une manière excessive et encore ne réussit-on qu'à moitié.

Si d'un côté on fait de la farine achevée à cause du rapprochement des pierres, d'un autre côté les cavités causées par les éclats laissent échapper de nombreuses parcelles qui ont besoin d'être de nouveau soumises à l'action des meules.

Le rhabillage des environs de Paris se distingue de celui de la plupart des endroits éloignés de la capitale par les soins avec lesquels il est exécuté et par les règles prescrites qui y sont observées, on ciselle de 25 à 30 coups au pouce.

Ce sont 25 à 30 empreintes bien ciselées, droites et régulières que l'on doit toujours retrouver lorsque l'on relève les meules.

Dans toute la France, on trouve quelques établissements de meunerie très-bien montés, où la mouture se fait très-bien; mais ces établissements ne sont que locaux et pas en assez grand nombre.

Aux environs de Dijon on rhabille bien, comme à Lyon et à Marseille, dans le nord et dans l'est.

Dans l'Isère, les Hautes-Alpes, les Basses-Alpes, le Vaucluse, le Var, le Languedoc, la Lozère, l'Ardèche, l'Auvergne, le rhabillage et la tenue des meules laissent à désirer dans beaucoup d'endroits.

La Normandie possède quelques bonnes usines.

Dans le Perche les moulins à l'anglaise sont en assez grand nombre, notamment dans la belle vallée de l'Huyres. Dans la Mayenne il y a quelques bons moulins.

Que l'on juge maintenant ce qu'il y a à faire dans certaines contrées de France.

§ III. — *Du rhabillage des meules demi-anglaises.*

Plus les meules sont poreuses, plus elles demandent de précautions pour le rhabillage. La ciselure a besoin d'être pratiquée avec habileté, car les parties riches en pores ne veulent pas être rhabillées brusquement. Telle est la nature des demi-anglaises.

Ce sont des meules qui sont toujours ardentes.

Il ne faut pas faire un rhabillage trop large, ni à

coups trop rudes. Ce serait augmenter leur ardeur et leur faire briser les sons.

On devra donc ciseler très-finement pour en obtenir une bonne mouture.

§ IV. — *Du rhabillage des diverses natures de pierres.*

Il y a une différence entre les meules demi-anglaises et les meules à fines porosités quoique pleines : il ne faut donc pas confondre celles-ci avec les demi-anglaises.

Avec les meules à fines porosités, la farine est rarement altérée par la mouture, car elles ne sont pas susceptibles de s'élever à une température aussi haute que beaucoup de meules d'autre nature.

Si elles sont d'un grain doux et tendre, il faut y pratiquer une ciselure assez forte et la renouveler assez souvent.

Si au contraire elles sont d'une nature très-vive et nerveuse, comme cela arrive souvent dans cette catégorie de pierre à petite porosité, ces meules demandent beaucoup de soins pour les rhabiller.

Les meules pleines et ardentes sont d'une qualité précieuse. Elles ont de l'énergie, et la vivacité néces-

saire pour dépouiller les sons parfaitement de leurs principes nutritifs; mais elles manquent de porosité; on doit venir en aide ici à la nature de la pierre, car le rhabillage doit suppléer à ce qui leur manque en éveillures naturelles.

Il faut pour donner aux meules pleines une ciselure très-marquée, très-profonde, les rhabiller fréquemment. On se gardera de ne pas pousser les marteaux à bout, c'est-à-dire que l'on devra les remplacer par des marteaux bien affûtés dès qu'ils seront un peu émoussés; on devra prendre grand soin de l'entrée pour qu'elle seconde la feuillure en lui préparant bien la mouture.

On devra rafraîchir les rayons très-souvent.

C'est en procédant de la sorte que l'on remédiera à leurs défauts.

Les inconvénients des meules dures et difficiles à rhabiller sont les nœuds qui sont susceptibles de se former à la surface et la difficulté que l'on éprouve à y pratiquer la rhabillure.

On devra travailler ces meules avec de très-bons marteaux ayant beaucoup de mordant. On ne devra pas avoir peur d'appuyer ses coups et de frapper plusieurs fois dans le même coup pour foncer convenablement la rhabillure.

Dès qu'il se formera des parties hautes sur la surface de la pierre, on devra croiser très-finement la rhabillure sur toutes celles où la règle aura déposé plus de rouge, de manière à donner moins de résistance aux parties plus dures. Ces natures de pierres ne sont pas toujours bien mauvaises.

Les meules rhabillées finement et assez souvent, font des farines beaucoup plus blanches et donnent des sons bien mieux vides. Elles marchent avec plus de facilité et moins de pression; elles font de l'ouvrage en plus grande quantité, en employant moins de force motrice, sans s'échauffer et par conséquent font beaucoup moins de déchets. De plus, la mouture est exempte de critique.

Pour procéder à la rhabillure fine, on devra toujours être pourvu d'une quantité suffisante de marteaux.

Le temps que peut durer le rhabillage est déterminé par la qualité ou plutôt par la propreté du grain qu'on leur soumet à moudre, et par la quantité de travail que l'on exige d'elles.

Enfin, disons qu'il faut éviter de pratiquer le rhabillage à grands coups; ce système produit de très-mauvais effets sur la mouture; entre autres celui de briser les sons, et de voir les blés s'échapper en gruau, les meules n'affleurant que très-difficilement.

§ V. — *Résultat des meules négligées.*

Il serait bien difficile de calculer les pertes que peut causer la mauvaise tenue des meules et la négligence des meuniers à les rhabiller. Il arrive souvent que l'évaporation et la chaleur ont emporté et absorbé le montant du bénéfice que le meunier devait retirer de la mouture avant que le travail ne soit achevé. D'où provient cette évaporation? De la chaleur trop élevée qui se produit entre les meules par la grande pression due au mauvais état des meules : elles s'échauffent parce que leur rhabillure est trop ou complètement usée et de plus par une tenue des meules souvent défectueuse. Cela se comprend facilement. Il est clair comme le jour que des meules en mauvais état, entièrement émoussées, plus souvent riblées, d'avoir marché à vide ou moulu trop près ou d'avoir moulu du son ou des gruaux, donnent lieu au roulement du blé sous des meules qui ont entièrement perdu leur mordant; les aspérités ayant entièrement disparu, elles sont sans action, ou du moins presque impuissantes à moudre le grain. Dans ce cas on est obligé forcément de donner aux meules une très-grande pression; elles dégagent beaucoup de chaleur; il est évident aussi que les sons seront chargés de principes nutritifs, que l'on fera beaucoup de gruaux qui ne seront qu'aplatis, et l'on ne pourra avoir qu'une mouture très-défectueuse. L'échauffement est un inconvénient si fâcheux, si funeste qu'on ne saurait mettre trop de soin à le prévenir. Il a des conséquences trop déplorables pour la mouture, car il altère l'organisation du blé, et la qualité des farines aussi bien que la quantité des produits; il est la cause immédiate de déchets considérables. Il est donc indispensable de bien tenir ses meules, et de plus d'avoir soin de les rhabiller quand elles en ont besoin, pour prévenir un excès de chaleur trop forte, outre la détérioration de la qualité des produits, une quantité moindre de travail des meules. Voilà certes de bien funestes conséquences. Aussi le résultat final est-il souvent la ruine complète d'un grand nombre de meuniers.

Dans la nouvelle méthode, on ne doit pas faire marcher les meules au-delà du temps assigné par leur nature et la quantité du travail qu'on peut exiger d'elles dans un temps déterminé.

Il n'est pas rare de trouver des meuniers ne possédant que cinq à six marteaux pour le rhabillage de leurs meules. Beaucoup aussi n'ont pas de meules pour les repasser. Combien y en a-t-il encore qui ne possèdent pas de grès pour les affûter à sec?

Jugez après cela, de l'état de la meunerie dans les campagnes et dans bien des villes. Est-il possible de travailler avec fruit dans de semblables conditions? Que de pertes inévitables pour des propriétaires d'usines si mal tenues!

Nous engageons donc fortement les meuniers qui ignorent les pertes que cause le mauvais état des meules, à ne jamais négliger de rhabiller leurs meules dès qu'elles en ont besoin.

On ne doit jamais remettre cette opération d'une heure seulement.

Que l'on se persuade que le temps passé au rhabillage ne peut avoir une meilleure destination.

Enfin disons qu'il faut éviter de pratiquer le rhabillage à grands coups.

§ VI. — *Nouveau système pour le dressage des meules; la mise en mouture et la régularisation de l'entrée des meules en marche.*

Nous avons souvent remarqué qu'en promenant la règle à la main pour l'opération du dressage des meules neuves, elle avait le défaut de tomber dans les parties basses de la feuillure et que l'on obtenait souvent de fausses indications; la règle dépose du rouge dans les endroits qui n'ont déjà pas assez de pierre. Elle a de plus l'inconvénient d'exiger beaucoup plus de temps pour le dressage. Quelquefois, ce temps dépensé, elles sont mises en marche sans qu'elles soient horizontales; elles travaillent encore bien longtemps avant qu'elles ne soient bien en moulage. Elles ne manquent pas, dans ce cas, de faire une mouture déféctueuse qui ne peut que causer du préjudice aux meuniers, préjudice assez important pour les engager à prendre toutes les précautions possibles afin d'éviter des pertes aussi funestes.

Pour obvier aux inconvénients et aux fausses indications de la règle passée à la main, M. Catin a inventé une règle horizontale circulaire destinée à indiquer les parties saillantes et les plus élevées, constituant le défaut d'horizontalité des meules neuves.

Ce système de dressage est le plus sûr de tous ceux que l'on connaisse. On est certain d'obtenir des meules si bien dressées et planes que l'opération une fois terminée, on serait tenté de croire qu'elles ont déjà fonctionné ou qu'elles ont passé à la machine à raboter.

On peut se servir avec avantage de cette règle pour la régularisation de l'entrée des meules en marche. On n'a besoin que d'avoir une règle dont la partie vers l'œillard soit plus basse que la partie placée vers la feuillure, et, à un cheveu près, on obtient la régularité d'entrée que l'on veut donner à la meule.

§ VII. — *Vitesse à donner aux meules.*

La vitesse à donner aux meules doit être par minute de :

140	tours pour meules de		$1^m 10^c$
135	»	»	1 15
130	»	»	1 20
125	»	»	1 25

120 tours pour meules de   1ᵐ30ᶜ

115	»	»	1 35
110	»	»	1 40
100	»	»	1 50
80	»	»	1 62

SECTION DEUXIÈME

De la tenue des meules proprement dite.

Un des points les plus essentiels pour une bonne tenue de meules, c'est de ne jamais laisser user entièrement la ciselure.

La tenue des meules renferme 4 points capitaux :

1° Donner la quantité et la régularité d'entrée suivant les règles prescrites par la méthode.

2° Tenir les diverses parties des meules, pour la quantité de travail, graduellement fixées par l'expérience des praticiens distingués.

3° Les rhabiller suivant les règles prescrites, afin de les tenir dans un état de moulage parfait.

4° Prendre toutes les précautions désirables pour la confection et l'entretien des rayons.

On comprendra facilement l'importance des avantages particuliers que l'on peut retirer de la méthode pour engager ceux qui seraient encore en retard d'entrer dans la voie progressive qu'elle offre à chaque pas que l'on fait, un fruit nouveau à recueillir.

Il nous reste encore bien des principes à développer. Nous engageons le lecteur à apporter toute son attention sur ce qui suit :

I

DES DIVERSES PARTIES DES MEULES

Nous divisons les meules en cinq parties distinctes, qui sont :

1° L'œillard ;

2° Le cœur, appelé dans la fabrication des meules : boitard ;

3° L'entrepied ;

4° La partie ménagée ;

5° Et la feuillure.

Chacune de ces parties fait un travail différent. Les meuniers sérieux comprendront parfaitement l'importance de cette division ; mais ceux qui se contentent de voir faire de la farine en quantité, sans se rendre compte de l'opération à l'intérieur des meules, ne deviendront point habiles; ils ignoreront toujours le progrès.

Nous allons indiquer les fonctions respectives de chacune des cinq parties que nous adoptons dans les meules pour en faire comprendre le travail.

D'abord l'œillard qui se trouve au centre de la meule, dans lequel on scelle l'anille pour mettre la meule en mouvement par le moyen du mancheron; il doit recevoir le grain, le recueillir, pour le livrer au cœur qui forme la seconde partie. Le boitard ou cœur saisit le grain dès qu'il peut l'atteindre. Il a pour mission de le comprimer en le livrant à son tour à l'entrepied. Celui-ci a pour effet d'étendre le blé en le poussant à son extrémité, que nous appelons partie ménagée, avant d'arriver à la feuillure; c'est dans ces deux parties que se trouve l'entrée.

Cette partie aplatit le son qui conserve sa largeur, si l'on a eu soin de bien polir la pierre; de plus elle forme les gruaux et commence l'affleurement de la boulange pour la remettre préparée à la feuillure. C'est donc la partie ménagée qui donne le moyen à la feuillure de vider les sons avec plus ou moins de facilité, suivant que l'on fait plus ou moins travailler la partie ménagée, sans cependant tenir celle-ci aussi forte que la feuillure.

La feuillure est la partie chargée de finir la marchandise préparée par la partie ménagée et doit dépouiller complètement les sons de leurs principes nutritifs; elle doit expédier la boulange sans défaut. On voit donc que c'est la partie la plus essentielle de la meule et celle qui demande le plus de précautions. Son action doit être telle qu'elle fasse le moins de gruaux possible, autrement on aurait une quantité de remouture; il en résulterait un surcroît de travail, une perte de temps, un déchet notable, et la farine ne serait ni aussi blanche ni aussi bien faite que celle d'une bonne première mouture.

On voit donc que chaque partie des meules a sa fonction spéciale, qu'il est très-utile de connaître pour savoir quelle sera la proportion et l'étendue de chacune de ses parties travaillantes.

Les meules d'un mètre de diamètre devront avoir 14 cent. de feuillure ciselée; la partie de l'entrepied se rapprochant de la feuillure, que nous appelons partie ménagée, devra avoir 6 cent. Les meules de 1 m. 10 cent. de diamètre devront avoir 15 cent. de feuillure et 7 cent. de partie ménagée sur l'entrepied.

Les meules de 1 m. 20 cent. devront avoir 16 cent. de feuillure et 7 cent. de partie ménagée. Les meules de 1 m. 30 cent. devront avoir 17 cent. de feuillure et 7 cent. de partie ménagée. Les meules de 1 m. 40 cent. auront 18 cent. de feuillure et 8 cent. de partie ménagée. Les meules de 1 m. 50 auront 18 cent. de feuillure et 8 cent. de partie ménagée.

On comprendra ainsi pourquoi les meules de 1 m. 50, 1 m. 40, 1 m. 30 prennent moins de feuillure proportionnellement que les meules plus petites. C'est que les plus grandes dimensions ont plus de défense que les plus petites. L'expérience nous a démontré qu'une meule de 1 m. 50 cent. n'a guère besoin de plus de feuillure que, par exemple, une meule de 1 m. 35 cent.

La ciselure devra arriver bien régulièrement au trait qui sépare la feuillure de la partie à ménager. La règle doit porter sur la partie ménagée à presque toutes les rhabillures. On devra blanchir cette partie avec des marteaux très-fins et la ciseler un peu en biais des portants d'une ciselure très-serrée, de manière à transformer la surface de la pierre pour qu'elle ait moins de résistance sur cette partie de la feuillure. La partie ménagée doit commencer l'af_ fleurement de la marchandise, sans cependant la serrer autant que la feuillure.

L'entretien des meules est ce qu'il y a de plus important en meunerie. Les meuniers ont donc un grand intérêt à ne pas négliger ce point; il peut se faire que le grand déchet causé par la température élevée qui se produit dans les meules en mauvais état ne laisse aucun bénéfice au meunier; les mauvais procédés en mouture altèrent la substance essentielle du grain; la farine y perd de sa blancheur et de sa qualité en panification.

II

ENTRETIEN DES MEULES

L'entretien des meules est une opération facile à faire. Il faut tenir autant que possible l'entrée d'après les règles que nous avons indiquées. On passe la règle à donner l'entrée à chacune des deux rhabillures, s'il est possible, c'est-à-dire on blanchit une meule à chaque rhabillure : une fois la courante et une fois la gisante; la partie de l'entrepied se rapprochant de la feuillure devra être blanchie très-légèrement afin de ne pas la mettre trop basse;

nous sommes convaincus que le temps passé à cette opération, sera parfaitement compensé par la quantité et la bonté des produits.

III

ENTRETIEN DES RAYONS

Les rayons n'ont besoin d'être rafraîchis chaque fois que l'on rhabille, qu'autant que les blés qu'on livre à la mouture sont bien nettoyés.

S'il y a des moulins qui moudent les blés contenant de la terre et des graviers, on doit les refaire de nouveau et c'est ce que l'on appelle les rafraîchir.

Pour rafraîchir les rayons on les marque d'un trait fin pour faire l'arête parfaitement droite et vive; il ne faut pas trop la creuser. On a soin de se servir de marteaux fins pour leur donner le fini nécessaire à ce qu'ils ne brisent pas les sons.

Le meilleur moyen de les entretenir est de rafraîchir à chaque meule deux divisions de rayons toutes les fois que l'on procède au rhabillage, et de rafraîchir ces deux divisions en face l'une de l'autre; de cette manière on a des meules qui donnent toujours une mouture régulière, les sons n'éprouvent aucun changement, et l'on a peu de remouture à faire.

Il est des personnes qui laissent user complètement leurs rayons ou qui les rafraîchissent tous ensemble du même coup. C'est une mauvaise habitude; car dès qu'ils sont arrivés à un certain degré d'usure, les sons se brisent de plus en plus, sont chargés, la mouture du blé ne donne presque plus que des gruaux, tandis que quand les rayons sont tous nouvellement rafraîchis les meules brisent beaucoup, et la farine porte une teinte plus rouge que d'habitude.

Il est facile de voir que l'entretien des rayons est assez facile, et que tous les meuniers peuvent s'acquitter de ce devoir.

IV

ENTRÉE A DONNER AUX MEULES

L'entrée des meules doit aller en diminuant graduellement à commencer de l'entrée de l'œillard pour se terminer à zéro, à 7 cent. de distance de la feuillure ou plutôt du commencement du travail de la meule.

On prend une courte règle que les meuniers nomment rabot, sur laquelle on étend du rouge et

on la promène en travers des portants sur les parties comprises entre celle ménagée, et les bords de
l'œillard dont le diamètre est réglé par un cuir
placé entre la partie ménagée et l'entrepied.

Les meules d'un mètre de diamètre, doivent avoir
ensemble 2 1/2 millimètres d'entrée pour les deux
dont 1/2 pour le gîte et 2 millimètres pour la courante.

Les meules d'un m. 50 cent. devront avoir 4 millimètres d'entrée dont 1 pour le gîte et 3 pour la
meule courante. Dans le cas où l'œillard aurait 30 à
35 cent. de diamètre, on devrait réduire l'entrée de
cette dernière d'un demi-millimètre si l'œillard avait
40 cent. d'ouverture.

La meule courante d'un m. 40 de diamètre, devra
avoir 3 1/2 millimètres d'entrée, et de gîte un millimètre.

Celle d'un m. 50 devra avoir quatre millimètres,
et de gîte un millimètre et demi.

La meule de 1 m. 60 de diamètre, aura 5 d'entrée,
de gîte un millimètre et demi, sans aller au delà pour
de plus grands diamètres. Quant aux meules courantes d'un diamètre supérieur à 1 m. 60, on augmentera l'entrée de un millimètre au plus par
10 cent. de diamètre.

Il faut tenir compte du diamètre d'ouverture de l'œillard, pour donner les entrées que nous venons d'indiquer. Les œillards des meules ont le plus souvent de 30 à 40 cent. de diamètre. On devra diminuer l'entrée d'un demi-millimètre par 5 centimètres d'ouverture de l'œillard, au delà de 35 centimètres qui est le diamètre le plus usité.

D'après cet exposé, on comprendra l'importance de donner de l'entrée aux meules, suivant leur diamètre et la grandeur des œillards. Il est très-important de suivre ces règles parce que le travail qui s'opère à l'intérieur des meules, doit se graduer régulièrement, et se répartir proportionnellement entre les diverses parties pour qu'elles fassent la mouture, parachèvent les marchandises, dépouillent parfaitement les sons sans les briser, et que les meules enfin dépouillent facilement les sons sans trop de pression.

L'augmentation graduelle de l'entrée que nous avons indiquée pour les différents diamètres, est due à l'augmentation du travail que les meules plus grandes doivent faire : car elles demandent de l'entrée à proportion de la quantité de grain que l'on désire qu'elles débitent dans un temps déterminé,

c'est-à-dire que, dans certains cas où l'on voudrait
que les meules fissent beaucoup d'ouvrage, on pourrait en augmenter l'entrée, que les meules demandent du grain en proportion de la quantité d'entrée
qu'elles ont. Mais dans ce cas la mouture ne serait
pas aussi bien faite, les meules feraient plus de
gruaux, les sons seraient plus durs, la mouture se
ferait avec plus de pression; car l'expérience a démontré que plus une meule porte de marchandise,
plus elle moud avec pression sur le blé, sur le gruau
ou toute autre marchandise.

Les meules deviennent irréglables par la trop petite comme par la trop grande quantité d'entrée
qu'elles peuvent avoir; c'est-à-dire qu'avec peu d'entrée elles vont à deux aires, et avec trop elles vont
également à deux aires et ne peuvent plus être
réglées.

Les meules ayant beaucoup d'entrée ne peuvent
pas être réglées sur une petite quantité de grain.

Il est facile de voir que si l'entrée était la même
pour tous les diamètres, ou que les meules en eussent trop ou qu'elle ne fût pas donnée graduellement, la mouture ne s'opèrerait pas dans des conditions convenables de régularité; car la trop forte

partie du travail se reportant sur la feuillure, cette dernière aurait trop à faire, on n'obtiendrait que des sons très-durs et chargés, et il faudrait recourir à des remoutures réitirées qui occasionneraient des pertes considérables pour les meuniers opérant dans de pareilles conditions (1).

V

Nouveau système d'embrayage et de débrayage des meules.

Nous ne saurions mieux dire qu'en citant M. V. Borie.

Dans les moulins primitifs, comme on en rencontre encore sur quelques ruisseaux écartés, dans les montagnes du Limousin et dans une grande partie du midi de la France, chaque paire de meules a son moteur particulier ; de sorte qu'en arrêtant le moteur on arrête tout simplement le mouvement des meules.

Mais la mécanique a fait des progrès, et comme,

(1) L'auteur du présent ouvrage, sans contester l'avis de M. Catin, croit cependant que l'entrée doit être donnée en prenant pour base la grosseur du grain à moudre.

dans les moulins modernes, en multipliant le nombre de paires de meules pour satisfaire à des besoins
plus nombreux, il n'était pas possible de multiplier
proportionnellement le nombre des moteurs, on a
été obligé de chercher à mettre en mouvement
toutes les meules du moulin au moyen d'un seul
récepteur de force hydraulique.

Aujourd'hui dans la plupart des usines, les meules
sont disposées circulairement autour d'un axe central qui reçoit directement l'impression du moteur
et la transmet aux fers des meules au moyen d'engrenages.

Dans quelques autres moulins, les meules sont
disposées parallèlement à un arbre de couche dont
le mouvement se transmet aux fers des meules au
moyen de courroies.

Chacun de ces mouvements a ses avantages et ses
inconvénients.

Les engrenages ont l'avantage de transmettre exactement la vitesse, sans perte sensible de la force
émise; mais ils présentent aussi un inconvénient
assez grave : la même roue d'entrée met en mouvement tous les pignons fixés aux fers des meules. On
ne peut ni embrayer ni débrayer aucun d'eux sans

arrêter le moteur et par conséquent interrompre le travail de toute l'usine. Tout le monde sait qu'embrayer un système de machine, c'est lui communiquer le mouvement de la force motrice, et que débrayer un système, c'est interrompre sa communication avec la machine motrice et par suite arrêter le mouvement.

Le mode de transmission par courroies n'a pas cet inconvénient; il communique le mouvement sans secousse et permet d'arrêter ou de mettre en voie une paire de meules sans déranger les autres. Malheureusement ce mécanisme nécessite beaucoup d'espace pour son établissement et entraîne avec lui une perte de force causée par le frottement des courroies; en outre, la pression de la courroie sur la poulie échauffe le fer des meules, lui fait perdre sa position verticale et nuit à la régularité de la mouture; aussi, ce mode de transmission est-il généralement abandonné par les meuniers, ses inconvénients l'emportant sur ses avantages.

Le but qu'on s'est proposé, a donc été d'arriver à faire disparaître l'inconvénient principal des engrenages, en disposant les pignons de telle sorte qu'on pût soustraire isolément chaque paire de meules à l'action de la force motrice et à la réengager dans le mouvement général de l'usine, sans suspendre ce mouvement, sans produire aucun choc et sans déranger la mouture.

On a obtenu le résultat qu'on cherchait en se servant d'un principe déjà appliqué dans quelques usines. Ce principe repose sur le frottement de deux cônes l'un dans l'autre.

VI

Meules de rechange

Comme dit le proverbe, les années se suivent, mais elles ne se ressemblent pas.

Il y a des années où le temps se trouve très-beau, très-sec, au moment de la rentrée des moissons; dans ce cas on récolte les blés très-secs. D'autres années, au contraire, où le temps est humide, pluvieux au moment de la rentrée des blés, qui sont humides et gourds, quelquefois germés. Dans le premier cas la mouture exige des meules très-pleines. Dans le second, il est indispensable d'avoir des meules éveillées, ou du moins, une demi-anglaise avec une anglaise pour les blés tendres. Donc les meules parfaites pour les blés d'une année sèche peuvent laisser beaucoup à désirer pour les blés d'une année humide. Elles peuvent en outre être bonnes pour une qualité de grain et ne pas l'être pour une autre. Comme il n'est guère possible que les meuniers puissent changer leurs meules suivant les diverses variétés ou qualités de grains qu'ils sont susceptibles de moudre, ces divers inconvénients qui se présentent dans la mouture nous autorisent à conseiller de faire des meules de rechange et nous aimons mieux donner ce conseil que celui de faire une meule à deux faces.

LIVRE QUATRIÈME

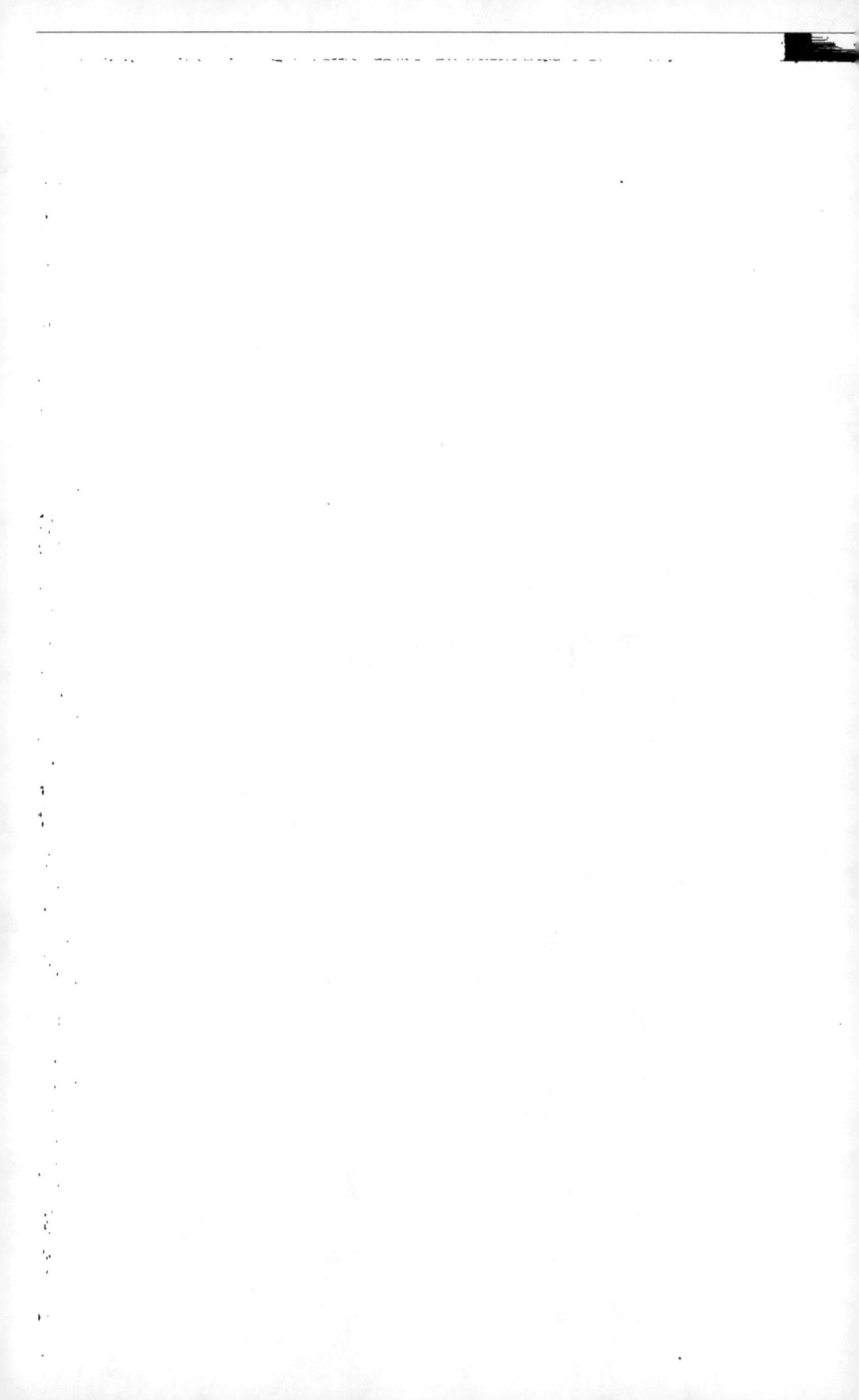

ACCESSOIRES DE MEUNERIE

SECTION PREMIÈRE

I. — DES MARTEAUX A RHABILLER

Emploi des marteaux à rhabiller.

Considérer les services que les marteaux peuvent rendre à la meunerie, c'est démontrer aux meuniers qu'ils ne doivent pas négliger de s'en procurer en quantité suffisante. Ce sont les marteaux qui les préservent des pertes qu'ils peuvent éprouver par défaut d'usage. Il est de leur intérêt de les employer fréquemment, car ce sont eux qui donnent le mordant aux meules, indispensable à la monture pour la bonté des produits.

Ce sont les marteaux qui varient la rhabillure. Sous une main habile, ils donnent à la farine le résultat que l'on désire : ils forment les sons au gré du meunier. Les meules n'ont de la puissance que par l'action du marteau. Les meuniers devront donc s'en procurer une quantité convenable afin de ne pas obliger les rhabilleurs à trop les forcer sans les affûter. On s'exposerait à faire grener les marteaux et par suite éclater la pierre. Ce seraient de mauvaises rhabillures. Avoir de bonnes meules, de bons rhabilleurs, de bons appareils ou accessoires, de bons instruments sont donc quatre points essentiels. Ces points une fois réalisés la mouture arrivera à un degré de perfection tel que les meuniers, par leurs bénéfices, n'auront pas à se repentir de leurs sacrifices.

Manière de forger les marteaux (extrait dû à la plume distinguée de M. Plot).

« Ceux qui savent forger les outils dont ils se servent ont sans contredit un avantage sur les autres ouvriers, car ils peuvent mieux les approprier à leurs besoins que ceux qui, ne connaissant pas le métier, ne façonnent l'instrument que sur des indications dont ils ne peuvent saisir toute l'importance et n'ont pas pour eux toute la précision désirable.

Mais, parmi ceux qui font eux-mêmes leurs outils, il y en a très-peu qui connaissent la bonne méthode pour cette fabrication.

« Le point essentiel pour bien forger est de bien connaître le degré de chaleur que demandent les diverses qualités d'acier. Ce sont principalement les qualités supérieures qui en veulent le moins : plus l'acier est pur, moins il exige de chaleur, et moins sa nature est pure, plus il en demande.

« Il suit de là que ceux qui ne savent pas bien faire la distinction des qualités de l'acier se trompent facilement sur le degré de chaleur nécessaire pour en faire un bon instrument. Ce discernement s'acquiert surtout par la pratique et par des expériences multipliées.

« Toutefois, nous répèterons ici ce que nous avons eu l'occasion de dire déjà : celui qui a le goût du métier et l'amour de l'art qu'il professe a bientôt saisi ce que d'autres ne peuvent apprendre en toute leur vie, quand ils se laissent aller à la négligence et à l'apathie.

« Celui qui se sert d'outils qu'il a lui-même forgés doit bien s'assurer si le marteau a conservé, à la trempe, son grain naturel, ou si le grain imite la fonte cassée. S'il a conservé son grain naturel, il n'a pas été brûlé par l'action d'une température trop élevée; et si, malgré la conservation de son grain, il se refuse à prendre la pierre et qu'il s'émousse, il est évident qu'il n'a pas été trempé assez dur.

« Ces remarques donnent le moyen de remédier aux défauts qu'on a reconnus; et quand un accident se produit on est à même de le prévenir dans la suite, on s'instruit soi-même et l'on acquiert un degré d'habileté très-utile dans un art qui est en quelque sorte l'accessoire obligé de la profession.

« Ainsi, un marteau s'est-il cassé, l'a-t-on brisé en frappant, il est facile de voir s'il a été trempé trop vif ou s'il a été brûlé. D'expérience en expérience, on parvient bientôt avec de la réflexion à fabriquer parfaitement les outils dont on a besoin.

« On chauffe l'acier fondu rouge-cerise, on place son marteau dans le foyer de la forge, de manière à ne chauffer que le derrière du marteau jusqu'au rouge, sans que la partie mince qu'on a eu soin de laisser en dehors du trou de la tuyère, soit exposée à l'action du feu et devienne rouge elle-même. Alors on arrête le soufflet et l'on tourne souvent le marteau, afin que la chaleur soit bien égale dans toute la partie chauffée, et lorsque la pointe a atteint le degré de chaleur voulu, on le forge en frappant sur la corne de l'enclume, ou plutôt on commence par le contreforger pour le rendre plus étroit; ensuite on le forge pour l'amincir, en le chauffant couleur cerise, et on lui donne la longueur convenable. Il ne faut pas qu'il soit trop mince vers son extrémité; il doit au contraire conserver une longueur de trois millimètres au bout, et une largeur de 27 à 33 millimètres sur 3 centimètres de longueur.

« Telles sont les conditions du marteau destiné au rhabillage des meules en marche. Si on veut un marteau à dresser ou à rayonner, on lui donne plus de force, car pour ce genre de travail on est obligé de frapper à grands coups, et l'instrument a besoin d'être plus solide. On sait que pour le rhabillage on procède à petits coups, afin d'opérer une ciselure convenable.

« Quand on a donné au marteau la forme voulue, il faut le battre à froid, en ayant soin de le tremper dans l'eau destinée à cet effet. Pour le battre à froid, il convient de varier les coups et de les donner légèrement, de manière à renforcer le milieu de la pointe; ce qui lui empêchera de céder et d'éclater dans cette partie.

« Il s'agit maintenant d'étudier la trempe qui donne au marteau toute son efficacité. En vain auriez-vous forgé avec toute l'adresse d'un ouvrier consommé, si vous manquiez la trempe, l'instrument ne vaudrait rien, il se briserait ou s'émousserait promptement et parfois au premier coup. La trempe a donc la plus haute importance. »

Manière de tremper les marteaux.

Nous continuons de citer M. Piot :

« Pour bien faire connaître la manière de tremper, il est utile que nous entrions dans quelques détails. Comme c'est la trempe qui fait les bons marteaux et leur donne les qualités nécessaires de dureté, de résistance et de mordant, nous devons en parler explicitement, d'autant plus qu'il faut de grands soins pour leur communiquer ces propriétés.

« La résistance est due surtout à l'habileté avec laquelle on a su prendre le degré de chaleur voulue, et à la régularité de son action sur toutes les parties soumises à la forge. La composition du métal apporte sans doute une part d'influence, mais elle est loin d'y être prépondérante. Pour bien juger du point où en est la chaleur, ne trempez jamais que dans une forge obscure; si vous le faisiez au grand jour, vous risqueriez de vous tromper et vous ne vous apercevriez bien des effets que lorsque le marteau serait brûlé.

« Vous commencez par faire brûler le charbon. Si vous devez tremper avec du charbon de forge, il faut avoir la précaution de le bien dégager de tout principe sulfureux et gazeux. Quand vous avez préparé la quantité suffisante pour la trempe des marteaux que vous vous proposez de faire, vous prenez un morceau de fer de 55 à 80 millimètres carrés, que vous placez derrière la tuyère, de sorte que le gros du feu ne soit dirigé que vers le milieu du marteau. Vous portez l'action du feu sur le fer indiqué, de manière que la partie forte du marteau atteigne le rouge-cerise avant que la partie mince ait presque senti la chaleur. Quand la partie grosse est au degré de chaleur nécessaire, vous arrêtez les soufflets et vous attendez que la chaleur se soit d'elle-même transportée en avant, sans oublier de bien retourner le marteau pour égaliser la chaleur

9

et sans perdre le marteau de vue tant qu'il est soumis au feu.

« Nous engageons ceux qui ne connaissent pas la forge à employer le charbon de bois. La chaleur qu'il produit est bien plus douce et plus facile à diriger. Nous sommes convaincu qu'en observant bien nos prescriptions et notre méthode, on fera de rapides progrès dans l'art de fabriquer ces instruments, et qu'on réussira mieux à les tremper que la plupart des forgerons. On peut, avec un peu de goût et du sens, arriver promptement à un degré d'adresse peu commune. L'homme intelligent et appliqué s'instruit de deux manières à la fois, par l'observation et par l'expérience. C'est en réunissant ces deux conditions indispensables pour le succès que l'on réalise promptement le proverbe : *En forgeant on devient forgeron.*

Manière d'affûter les marteaux sur les meules à l'eau.

On présente la pointe du marteau à la meule et l'on doit faire bien attention de ne pas se laisser prendre le doigt entre les deux. On ne doit jamais affûter sans eau : car par le frottement de la meule le marteau s'échaufferait, la chaleur détremperait ce dernier. On aura bien soin de tenir la meule continuellement mouillée pendant cette opération.

Les marteaux neufs devront toujours être affûtés plus courts que ceux qui ont déjà été affûtés plusieurs fois. On devra toujours bien les ménager à leur premier affûtage, c'est-à-dire ne pas les forcer jusqu'à ce qu'ils aient été affûtés plusieurs fois sur le grès à sec. En voici la raison : les marteaux neufs sont très-minces; ils ont très-peu de résistance; ils ne demandent qu'à grener les premières fois qu'on s'en sert sortant de la meule à l'eau, tandis que ceux plus courts, ayant déjà subi les affûtages, ont plus de résistance et sont moins sujets à grener.

Les marteaux peuvent être affûtés tant que leur trempe résiste. Dès qu'elle commence à disparaître, il faut les tremper de nouveau.

Il est évident qu'ils ne sont jamais aussi bons à leur sortie d'affûtage sur la meule à l'eau, que quand ils ont été affûtés une fois ou deux sur la meule à sec. Il est donc indispensable que les meuniers soient munis de ces dernières pour obtenir des marteaux convenablement affûtés.

Du grès pour affûter les marteaux à sec.

Les marteaux affûtés sur la meule à sec sont bien meilleurs et résistent mieux que ceux affûtés à l'eau. En outre, le frottement réitéré de la meule les use rapidement.

Il est donc indispensable d'affûter les marteaux, quand ils n'ont pas d'éclat, sur un grès à sec, pour faire un travail exempt de reproche.

Ainsi, quand on a une douzaine de marteaux, qui sont affûtés convenablement sur la meule à eau, on peut facilement rhabiller une paire de meules en les affûtant à sec sans avoir besoin d'affûter de nouveau sur la meule à l'eau.

Quand les marteaux sortent de l'affûtage à l'eau, on doit toujours les frotter un peu sur le grès pour dresser la pointe et enlever les bavures que la meule peut y avoir causées.

Le grès dont on se sert pour l'affûtage à sec doit être d'une nature tendre, à gros grains. Il est plus avantageux de se servir du grès rond, fabriqué pour cet usage, parce qu'il est beaucoup plus facile à user régulièrement que le grès carré.

L'opération d'affûtage à sec n'est pas difficile. Elle

ne demande qu'un peu d'adresse. On promène le tranchant du marteau en frottant sur le grès de manière à tenir la superficie bien horizontale, pour qu'il soit bien droit.

On doit aussi avoir la précaution d'user le grès bien régulièrement pour que l'on puisse s'en servir jusqu'à ce qu'il n'ait plus qu'un centimètre d'épaisseur.

Effet des marteaux émoussés.

Il y a très-souvent des meuniers qui ne possèdent qu'un petit nombre de marteaux et qui n'ont pas de meule pour les affûter; dans beaucoup de contrées les meuniers n'ont pas encore de grès à affûter à sec. Il y en a encore qui négligent cette opération; ils poussent alors leurs marteaux à grands coups pour les forcer à marquer sur la pierre. Cela ne manque pas de produire des éclats et une mauvaise rhabillure, d'endommager par conséquent la meule et de faire une mauvaise mouture, et cela tant que l'usure, qui s'est faite à la longue, n'a pas rapproché la pierre. La mouture étant mal faite, les meules n'affleurent pas, et pour les faire affleurer davantage, on

est obligé de les rapprocher afin d'obtenir une boulange plus affleurée. On peut ajouter que la pression
gêne la marche des meules, qu'elles font moins d'ouvrage, et comme elles n'affleurent que très-difficilement, on a beaucoup plus de remoutures à faire,
alors il se produit des quantités de déchets par suite
de la grande pression que l'on est obligé de donner
aux meules, et les sons ne se dépouillent qu'imparfaitement.

II. — DES MACHINES A RHABILLER.

Il existe plusieurs systèmes de machines à rhabiller.

Machines Golay.

Machines Roze frères, de Poissy.

Machines Dubois et Pouilly, d'Épinal.

Machines Bernier, de Meaux.

Il est difficile de dire que ces machines rendent
tout le service d'un bon rhabilleur; cependant elles
offrent de notables avantages pour blanchir la pierre;
tracer la rhabillure; tenir les meules droites et ac-
tiver le travail.

III. — AÉRATEUR REFROIDISSEUR DES MEULES DE M. CHALANGE.

M. Chalange a présenté, le 23 juillet 1856, à la Société d'encouragement, le dessin et la description d'une nouvelle disposition de l'archure et d'un *Aspirateur* ayant pour objet de forcer l'air extérieur à parcourir l'intervalle des meules où la mouture s'opère, à partir de l'œillard vers la feuillure, pour se rendre dans le tuyau d'appel de l'aspirateur, et de modérer ainsi la chaleur développée par le moulage du blé. Il existe un espace annulaire entre l'archure et la meule courante, hermétiquement fermé par un simple diaphragme flexible, tel qu'une bande circulaire de cuir, fixée par sa rive extérieure, avec des vis à bois, sur le haut de l'archure, et dont le bord intérieur s'applique simplement sur une feuillure taillée tout autour du dos de la meule courante. On conçoit qu'en faisant partir de l'espace annulaire mentionné, le tuyau d'appel de l'aspirateur, le vide tend à s'y former, de sorte que le diaphragme s'applique exactement sur la feuillure et empêche l'air extérieur d'y arriver autrement que par l'œillard de la meule qui reste ouvert, et par l'espace compris entre les surfaces travaillantes des meules.

Le couvercle de l'archure est détaché de son pourtour et supporté à distance du dos de la meule courante par quatre colonnettes. De cette manière le mouvement de rotation dont cette meule est animée détermine encore un courant d'air extérieur entre son dos et le couvercle dont le milieu est ouvert, au-dessus de l'œillard. Les meules et le blé qu'elles broient se trouvent ainsi incessamment rafraîchis. M. Chalange attribue les plus grands avantages à cette disposition. M. Chalange, l'un de nos meilleurs praticiens, est en même temps ingénieur-mécanicien, pourvu de plusieurs brevets d'invention, et est appelé souvent dans les expertises de moulins.

IV. — ASPIRATEUR ET AÉRATEUR ATMOSPHÉRIQUES REFROIDISSANT LES PIERRES DES MEULES EN ACTION ET LA BOULANGE.

Chacun sait que la mouture des blés ne peut s'opérer sans que, par suite de la durée du travail, la surface travaillante des meules ne s'échauffe et n'acquiert une température élevée dans leurs plus grandes parties, de sorte que le blé soumis à leur action tend à donner une boulange d'une température très-élevée, par la double cause de la chaleur développée par l'action du broiement et de la température déjà élevée de la pierre. Cette chaleur influe nécessairement d'une manière sensible et ne manque pas d'agir sur les principes des blés essentiels à la qualité de la farine.

Pour obvier à ce grave inconvénient, M. Catin a inventé un aérateur atmosphérique introduisant entre les meules en action l'air de l'atmosphère. Cet air est rappelé par un aspirateur qui facilite le dégagement de la meule courante. Les meules munies d'un appareil semblable peuvent, par heure, effectuer la mouture de 150 kilogrammes de blé et même davantage sans qu'elles puissent être gênées par la chaleur, et qu'il ne se forme aucune humidité dans les archures ou conduits où passe la boulange à la sortie des meules.

V. — COMPOSITION PROPRE A MASTIQUER LES JOINTS DÉGRADÉS ET LES DÉFAUTS QUI OCCASIONNENT LES ÉCHAPPÉES DE GRAINS DANS LA BOULANGE.

Pour obvier au grave défaut signalé par ce titre

nous allons indiquer une composition qui devient très-dure et qui est propre à mastiquer sans inconvénient tous les défauts des meules.

Alun........................	1000	grammes.
Meulière pilée................	250	—
Soude........................	100	—
Soufre en poudre..............	100	—
Résine........................	50	—

On fera fondre l'alun avec la soude, ensuite la pierre pilée sera mêlée avec la soude et l'alun, puis on fera fondre le soufre et la résine chacun à part, et tous ces corps fondus au même instant devront être mélangés ensemble parfaitement et mis refroidir dans un puits.

On coulera la composition encore liquide dans les défauts à réparer, en ayant soin de bien nettoyer les cavités des éveillures avant de procéder au coulage (1).

VI. — DES BLUTERIES.

Des bluteries employées dans le nord de la France.

Les bluteries dont on fait actuellement usage dans les moulins qui approvisionnent de farine la Capi-

(1) On trouve aussi un ciment Sorel chez M. Hignette, ingénieur, rue Turbigo, 75, à Paris.

tale, se composent de tambours prismatiques en tissus spéciaux tendus sur des cylindres en bois légers,
faits d'un système de tringles en forme de lattes de
sapin de 0 m. 027 sur 0 m. 032 équidistants, liés
entre eux à des écartements de 0 m. 85 à 0 m. 90
au moyen de croisillons à bras, de bois dur, qui les
maintiennent à égale distance d'un arbre en sapin,
octogone, de 0 m. 25 de grosseur, fait du collage de
plusieurs pièces, pour en prévenir la déformation
ultérieure. Un tel tambour d'un mètre à 1,20 de
diamètre, incliné de 4 à 5 c. par m. de longueur et
faisant 28 à 30 tours par minute, doit avoir au moins
6 m. de longueur pour qu'il puisse faire convenablement le départ de la farine entière en farine de
blé, gruaux blancs, gruaux bis : les tissus de soie
présentent sept lés des n⁰ˢ 130, 130, 135, 140, 150,
160, 170 — et quelquefois jusqu'à 180, suivant la
longueur des bluteries destinées à faire le départ de
la farine, la solidité des carcasses, la provenance des
blés plus ou moins tendres ou durs que l'on soumet
à la mouture.

La solidité des carcassses des bluteries influe sur
l'opération du tamisage, en ce sens que les taquets
en fer ou en bois impriment plus ou moins de vibra-

tions aux tissus, suivant la solidité et la force du cylindre; pour les gruaux blancs, 2 lés du n° 100; un
lé du n° 110 pour les gruaux bis; un lé 1/2 du
n° 80; l'expérience a prouvé l'excellence de ce blutage. Pour suivre, par exemple, le travail de 5 tournants, on emploie deux tambours de 5 à 6 mètres
de longueur pour extraire la farine; deux tambours
de 4 à 5 mètres pour diviser les gruaux, blancs, gris
et rouges et enfin un tambour de 6 à 7 mètres pour
diviser la recoupette superfine, fine ronde, petit son,
moyen son et gros son.

Le blutage se fait mieux et plus promptement,
quand on garnit la partie la plus élevée d'une bluterie avec la soie la moins fine parmi celles dont les
mailles ne peuvent donner passage qu'à de la farine, en graduant, comme nous l'avons indiqué plus
haut. Lorsque la bluterie sera convenablement ali-
mentée de farine entière, la farine blutée par le
tissu du n° 130 sera sensiblement pareille à celle
blutée par le n° 170 : les meuniers qui désirent faire
des farines rondes garnissent leurs bluteries à farine
de 10 lés des tissus n°s 115, 120, 120, 125, 130, 130,
140, 140, 150, 150. Les coussinets de l'arbre du cylindre d'une bluterie doivent être construits de ma-

nière qu'on puisse facilement, en modifiant leur position, diminuer la pente des tambours dans les temps humides et l'augmenter quand le temps est sec. Pour faciliter le blutage des marchandises et pour empêcher l'obstruction des mailles du tissu, on fait usage maintenant de taquets en fer. On enfile ces taquets dans des tringles en gros fil de fer placées à égale distance des croisillons voisins dont ils traversent l'arbre et on enfonce les deux bouts de 0 m. 02 dans les tringles en sapin de la carcasse. Il y a des tamisiers qui suppriment les taquets des carcasses de bluteries.

Pour obtenir des farines parfaites, les soies doivent être le plus fines possible, et les vibrations du taquet sont indispensables pour donner de la régularité au blutage.

Malgré cet auxiliaire si utile, il est encore très-difficile d'épurer entièrement les farines que les sons tendent à emmener avec eux.

On a imaginé un moyen simple et commode de joindre et de tendre les soies des bluteries, donnant au besoin la facilité de les remplacer promptement par trois lés de rechange sans les détériorer. Ordinairement les bluteries sont installées au-dessous de la chambre du refroidisseur à boulange afin de pouvoir être alimentées. Lorsque cet engin fonctionne, elles sont ainsi sujettes à recevoir des mottes se détachant des anches et conduits par où passe la boulange à sa sortie des meules pour arriver dans la chambre du refroidisseur. Pour empêcher que ces mottes ne passent dans les tambours des bluteries, on munit les entêtes de celles-ci d'un panier en toile métallique servant d'émotteur. La boulange, en tombant sur le panier, passe au travers de ses mailles, retient les mottes, les déverse dans une anche disposée à cet effet en tête du tambour. On fait également usage de l'auget pour émotter la boulange en tombant à la tête des bluteries. Ces augets sont construits partie en bois, partie en toile métallique. Leurs mailles sont assez ouvertes, mais retiennent néanmoins les mottes en laissant passer la boulange qui est reçue par un conduit en fer-blanc, lequel la dirige dans la tête de la bluterie. Le fond du coffre de la bluterie est formé de deux plans inclinés s'élevant des deux côtés d'un canal, où ils dirigent les farines passées à travers les soies des tambours et dans lequel tourne un conducteur héliçoïde qui les pousse dans la chambre à farine.

Des bluteries méridionales.

Les meuniers du Midi de la France ont toujours apporté beaucoup de soins au blutage des farines, en faisant usage de puissantes bluteries, composées de 8 tambours prismatiques, à 8 pans, de 0 m. 85 à 1 m. 00 de diamètre, disposés en 4 coffres de file renfermant chacun une paire de tambours, l'une menant l'autre successivement, et se repassant les marchandises. Les trois dernières paires de tambours sont moitié moins longues que la première et l'inclinaison que l'on donne à leurs arbres est de quatre à cinq centimètres par mètre. L'intérieur de la huche de chaque paire de tambours est divisé en deux compartiments par une cloison verticale transversale, et un conducteur (héliçoïde), tournant à volonté dans le fond en trémie de ces huches, pousse les produits, que les tambours y déposent, vers l'anche de chaque trémie. La première moitié du tambour où sont les tissus les plus fins sépare le 1er minot; le 2e minot est séparé par la seconde moitié du même tambour. Ce que ces toiles ont retenu est versé dans le tambour suivant, dont les soies des deux finesses laissent passer les farines dites *semble fin* et *semble ordinaire;* ce qui est retenu est versé dans le 3ᵉ tambour dont les deux soies extraient les grésillons fins et ordinaires : les issues de ce tambour passent enfin dans le 4ᵉ et dernier tambour dont les tissus extraient la recoupette fine et le son fin et rejettent les gros sons par son pied.

Des bluteries américaines.

Les bluteries américaines sont composées de tambours prismatiques à 6, 8 et 12 pans de 2 m. 50 à 8 mètres de longueur, et de 0 m 60 à 1 m. 30 de diamètre. Pour empêcher l'obstruction des mailles des tissus de finesse graduée, qui recouvrent la carcasse, on imagine de leur imprimer des vibrations répétées qui les dégagent. Un des moyens employés dans ce but consiste à fixer d'équerre, à une tringle de bois cylindrique, établie parallèlement au tambour dans le haut de la huche, des baguettes de bois disposées dans un même plan, appuyant leurs extrémités libres sur les croisillons de la carcasse. Il suffit alors d'obliger la tringle à pivoter dans ses supports, ce que le passage d'une came peut faire, pour soulever aussi les baguettes qui, lorsque la came est passée, retombent sur le tambour qu'elles ébranlent.

Blutoir à brosser les sons gras.

Malgré leur dépouillement complet, les sons maigres renferment en eux une certaine quantité de farine ; on a reconnu la nécessité de faire usage de bluteries à brosser les sons pour les séparer complétement des farines qu'ils contiennent encore, après l'enlèvement des farines et gruaux blancs et bis.

Ces blutoirs sont à cylindre fixe de 1 m. 80 environ de longueur sur 0 m. 40 à 0 m. 50 de diamètre. Ils sont garnis de toiles métalliques. Un arbre horizontal auquel sont fixées 6 à 8 brosses d'un seul rang de mèches et que traverse le centre du cylindre fixe, fait 280 à 300 tours par minute. La pression des brosses sur la toile métallique force la farine à passer à travers ses mailles

Nouveau système de bluterie (invention Catin) pour détacher la substance amilacée adhérente aux sons gras.

Cette bluterie, à deux cylindres l'un dans l'autre et à brosses, est destinée à détacher complétement la farine adhérente aux sons, sans être obligé de les repasser sous la meule.

La farine résultant de cette machine est plus blanche que la farine de son provenant de la mouture des meules. Cette machine n'a besoin que de très-peu de force motrice ; c'est donc une découverte avantageuse pour la meunerie soit sous le rapport de l'économie de force et en évitant les déchets considérables qu'occasionne la mouture des sons par les meules ordinaires, soit encore de l'économie sous le rapport de la main-d'œuvre, cet appareil simplifiant de beaucoup la manutention qu'exige la mouture des sons. Ce blutoir à brosses a deux cylindres mobiles ; les deux cylindres tournent ensemble en sens contraire des brosses.

VII. — AÉRAGE PARTICULIER DE M. TRAMOY.

M. Roret rapporte que M. Tramoy a pris en 1845

un brevet de 15 ans pour un aérage particulier des meules. Dans cette disposition la meule volante est évidée parallèlement à sa surface interne d'une profondeur de un centimètre environ. Cet évidement se prolonge jusqu'à 25 centimètres environ de la circonférence de la meule. A partir de ce point, la concavité de la meule forme une première entrée inclinée d'une étendue de 5 centimètres environ ; puis de ce point le plan incliné se bifurque pour former une seconde entrée d'entre-pied laquelle se prolonge de 5 centimètres environ, de telle sorte que le contact de la meule est réduit à une surface annulaire de 15 centimètres environ de largeur.

Le rayonnage de la meule est une entaille dont l'arête vive ou tranchante est une ligne bifurquée et dont une partie est inclinée par rapport au centre, tandis que l'autre aboutit au centre. La ligne parallèle à l'arête vive est parallèle à la première partie. Ainsi, c'est un trapèze qui forme la double entrée. L'expérience, selon l'inventeur, a prouvé que cette disposition de meule volante diminue d'une manière remarquable l'échauffement et augmente considérablement le rendement ou effet utile.

M. Vermet à Arbois s'est servi en 1845 de trompes

à air qui, tournant avec la meule, présentent une entrée très-large à l'air qui s'y engouffre et va se perdre dans l'œil de la meule où il est conduit par la queue de la trompe.

Dans l'appareil applicable aux meules, pour lequel M. Dixon de Bruxelles s'est fait breveter en 1846, un ventilateur amène l'air par l'œillard de la meule gisante, et cet air passant à travers un boitard percé d'ouvertures, vient frapper sur une plaque qui surmonte cet œillard et qui est logée dans une rainure de la meule supérieure. En frappant cette plaque, l'air s'épanouit et s'échappe entre les deux meules.

VIII. — SASSEURS MÉCANIQUES.

L'action d'un semouleur mécanique est indispensable pour obtenir des gruaux propres, dégagés de sons menus et de corps étrangers qui échappent au nottoyago. Depuis longtomps déjà l'on s'occupe de sasseurs mécaniques, un grand nombre de mécaniciens et de minotiers ont inventé des appareils de ce genre plus ou moins compliqués.

IX. — CHAINES A GODETS.

On emploie généralement, à peu près partout, des godets pour monter la boulange.

Certains praticiens prétendent que ce système est très-vicieux et met souvent le garde-moulin dans la nécessité de dégager la calotte de la poulie de farines qui s'y accumulent et arrêtent le mouvement de la courroie ; les godets étant généralement mal disposés se surchargent de farine, poids qui, joint à celui des godets, pèse sur la courroie au point d'empêcher la poulie de tourner.

Les praticiens conseillent un moyen bien simple qu'il est facile d'expérimenter ; c'est celui de remplacer les godets par des planchettes que l'on peut mettre en nombre double et triple de celui des godets, ce qui achève l'enlèvement de la farine à tel point qu'une chaîne à planchette de la dimension d'une chaîne à godets d'une paire de meules pourra servir à 3 paires de meules sans qu'il y ait engorgement.

Les planchettes doivent avoir 5 à 7^c de longueur, de 4 à 5 mill. de largeur moins que la courroie ;

leur épaisseur de 7 à 8 mill.; on les fixe à la courroie avec trois petites pointes à tête ronde.

X. — MOYENS D'EMPÊCHER LA CONDENSATION DE L'HUMIDITÉ CHARGÉE DE FOLLE FARINE.

La chaleur qui se développe dans la mouture des
blés vaporise l'humidité naturelle et accidentelle
dont ils sont pénétrés, et cette vapeur se mêle
à la folle farine qui se forme toujours lorsque le blé
doit être moulu très-fin.

Si cette vapeur est mise en contact avec des corps
ayant une température moins élevée, elle se con-
dense sous forme de pâte et peut, au grand déplaisir des meuniers, tapisser l'intérieur des archures,
en obstruer l'anche.

Le moyen le plus naturel de parer à ces inconvénients consiste à donner à l'archure, à l'anche, aux
conduits par lesquels on permettrait à cette vapeur
de s'élever dans une chambre de dépôt et à cette
chambre elle-même, un degré de température au
moins égal à celui que la vapeur possède en sortant
des meules.

SECTION DEUXIÈME

CONSIDÉRATIONS GÉNÉRALES

———

ARTICLE PREMIER.

De la conduite et du réglage des meules (1).

La plupart des gardes-moulins et des conducteurs ont une routine qui leur est particulière et qui leur semble plus facile, car il y a encore diverses manières de conduire les meules dans la meunerie.

La principale consiste dans l'observation constante d'une vitesse ni trop lente ni trop précipitée, et dans une attention particulière pour que les meules ne soient pas trop ou trop peu chargées de grains, afin de ne point faire une mouture défectueuse.

On doit toujours veiller sur la marche des meules, avoir soin qu'elles ne moulent pas trop rond.

On peut reconnaître cela au toucher de la marchandise, mais très-difficilement parce qu'une

———

(1) J.-B. Cattin.

meule peut bien faire une boulange sèche ou un peu dure, et malgré cela nettoyer les sons parfaitement. Dans d'autres cas, elles peuvent faire une boulange assez bien affleurée au toucher et les sons encore chargés de farines.

Pour faire une mouture parfaite, il était indispensable d'avoir des meules dans un état de moulage parfait, et qu'en outre, le conducteur qui préside à leur conduite, eût une connaissance toute particulière et une précision extrême pour les régler; pour atteindre ce résultat, dès qu'une meule en bon état est bien conduite, elle fait les sons larges, elle les dépouille facilement de leur substance nutritive, sans pression, et dans ce cas les meules ne fatiguent pas; leurs aspérités se trouvent garanties d'une usure trop rapide, par la marchandise qui passe entre les deux meules; si au contraire les meules moulent seulement une demi-heure trop près, elles réduisent la marchandise comme du poivre et il n'y a plus rien entre les deux meules qui puisse les garantir; alors les aspérités des deux meules mordent l'une contre l'autre par leur pression, de manière qu'en moins d'une demi-heure de travail, les aspérités se trouvent amoindries très-sensiblement,

les pierres n'ont plus d'ardeur et il s'ensuit que
les meules ne peuvent plus moudre qu'avec beaucoup de pression ; il en résulte que les meules mâ-
chent les sons et les brisent par leur pression sans
les dépouiller entièrement de leurs farines. Quand
une meule fraîchement rhabillée et en bon état a
marché seulement pendant une demi-heure trop
bas, elle s'en ressent tout le temps qu'elle travaille
avec cette rhabillure ; elle ne fait plus qu'un travail
imparfait. Il est donc aisé de comprendre que les
meules doivent être réglées avec beaucoup de précaution, et qu'il n'est guère possible de les régler
comme elles doivent l'être, sans se fixer sur les
sons, c'est-à-dire de les rapprocher ou les alléger,
suivant que les sons tombant des anches avec la
boulange sont plus ou moins chargés de farine :
en effet, si les deux meules ne laissent entre elles
qu'un faible espace pour peu qu'elles soient trop rapprochées, elles chauffent et brisent les sons ; elles
rougissent la farine, en altérant les propriétés du
blé ; enfin la meule se fatigue.

Si, au contraire, la meule est un peu haut, les
sons restent légèrement chargés : si elle est appro-
chée de manière à bien vider le son sans qu'il soit

trop pressé, la meule est bien réglée ; dans ce cas elle opérera la mouture sans être gênée, elle ne chauffera pas trop fort et on sera certain que la farine conserve toutes les propriétés du blé ; on obtiendra, par conséquent, une mouture avantageuse sous tous les rapports.

On voit que la conduite des meules demande beaucoup de connaissance pour bien les régler, et l'on ne peut s'apercevoir guère au toucher de la boulange, d'une si petite différence de pression que les meules exigent en plus ou en moins, pour que la mouture se fasse au degré voulu, afin que les sons soient dépouillés de farine rouge, d'un côté comme de l'autre, et conservent leur largeur.

Nous engageons donc les meuniers à régler leurs meules suivant que le son a besoin de plus ou de moins de pression pour en détacher la farine.

Quand les sons sont nettoyés suffisamment on ne doit pas rapprocher les meules davantage : si, au contraire, les sons ne sont pas assez bien nettoyés on doit rapprocher les meules jusqu'à ce que le son soit dépouillé; en même temps vérifier si elles n'ont pas un peu trop de marchandise; si elles ne chauffent point trop; il ne suffit très-souvent que de re-

tirer un peu de marchandise à une meule qui est
gênée, qui fait une boulange grasse, mate, pour
qu'elle fasse une boulange convenable et qu'elle
vide les sons assez librement, sans gêne et sans trop
de pression ; notons que, plus une meule porte de
marchandise, plus elle a besoin de pression pour
effectuer la mouture ; quand les meules n'ont
qu'une pression ordinaire pour effectuer la mouture, elles ne fatiguent pas trop, si les grains qu'on
leur soumet ont été bien nettoyés. Si, au contraire, on fait une mouture très-haute et que les
meules soient mal tenues, c'est-à-dire qu'elles soient
trop ouvertes en cœur et en entrepieds, tout le gros
du travail se portera sur la feuillure, les meules fe-
ront une boulange très-dure et lisseront la pierre
bien plus que par une mouture bien comprise.

ARTICLE DEUXIÈME.

Remouture des gruaux.

Il arrive très-souvent que les premiers gruaux se
trouvent trop mous ; il est bon d'avoir recours à la
bluterie à sécher pour les séparer des farines qui
sont finies, parce que l'opération du moulage nuirait

à la qualité de la farine existante avec les gruaux à remoudre, et en même temps la bluterie divise les gruaux une seconde fois de manière qu'elle extrait les rougeurs, et alors les farines de gruaux sont beaucoup plus blanches et supérieures en panification.

Les gruaux qui sont trop mous ont l'inconvénient de ne pas bien descendre dans l'engreneur et de s'attacher dans l'œillard; cela fait souvent marcher les meules à vide ; on comprend combien on doit prendre de précautions pour prévenir ces accidents et parer à ces mauvais résultats. Il est utile que l'œillard de la meule soit muni d'un panier en fer-blanc, conique, ce qui facilite la chute des gruaux et empêche la marchandise de se caver dans l'œillard.

Pour opérer la mouture des gruaux en général, il est indispensable de disposer une paire de meules à cet effet, parce que la mouture des gruaux diffère de la mouture du blé, en ce que les gruaux exigent plus de pression ; pour les affleurer, pour que la rhabillure résiste et que la meule ne se démoulage pas trop, on devra donner une rhabillure plus écartée et plus foncée que pour la mouture du blé. Dans aucun cas l'on ne devra mettre sur gruaux les meules disposées pour la mouture du blé, si on a à cœur de faire une bonne mouture ; car la mouture des gruaux rible la pierre, au point qu'il est impossible d'avoir des meules à blé en moulage si on les sacrifie à faire la mouture des gruaux.

La quantité des gruaux à remoudre dépend des soins que l'on apporte à la tenue des meules et à la mouture des blés ; car si les sons se trouvent bien vidés et que les meules affleurent parfaitement sur le blé, très-souvent on pourra tirer les trois quarts de fleur première, dite farine de blé ; on aura beaucoup moins de remouture à faire et alors on obtiendra beaucoup plus de farines premières et on ne fera que très-peu de farine bise.

La mouture des gruaux se fait avantageusement avec des meules d'une nature vive et poreuse ; elles font des farines qui ont beaucoup plus de corps que les meules pleines, et donnent aussi beaucoup plus de marchandise dans un temps déterminé parce que les meules pleines ont souvent moins de vivacité que les poreuses et affleurent plus difficilement les gruaux : elles les aplatissent et il en résulte qu'elles font très-souvent des farines mattes, grasses.

Il ne faut pas que la boulange des gruaux soit

grasse en sortant des meules; si elle s'attachait trop aux doigts, elle aurait subi une détérioration plus ou moins grande, il faut qu'elle soit affleurée sans être trop molle; il faut qu'elle semble tenir un peu du gruau. Il est donc nécessaire d'éviter la chaleur trop élevée des meules; qu'elle ne monte pas plus de trois ou quatre degrés au-dessus de la température ordinaire du moulin.

La farine des premiers gruaux est la plus riche en gluten et la meilleure des blés; elle prend beaucoup plus d'eau que les autres sortes en panification.

Après la mouture des gruaux, on remoud ceux qui en proviennent, devenus deuxièmes gruaux; les farines de premier et deuxième gruaux s'additionnant aux farines de premier jet, dites farines de blé, servent à faire les fleurs premières.

Ensuite on fait moudre les gruaux rouges et les gruaux blancs qui en proviennent, ainsi que les gruaux qui viennent des gruaux blancs : on continue ainsi jusqu'à ce qu'ils soient complétement épuisés, de manière que ce qui reste ne soit plus bon à faire des farines deuxième qualité; on doit toujours avoir soin de séparer les farines provenant des diverses qualités de gruaux afin qu'au moment de faire le mélange, on puisse vider les farines comme on le désire; dès qu'on approche de l'épuisement des gruaux des farines deuxième qualité, il faut avoir soin de ne pas les tenir trop près pour ne pas faire des farines trop molles et pour ne pas les ternir.

Enfin on continue la mouture des basses marchandises qui sont destinées à faire des farines troisième ou quatrième qualité, qui seront plus ou moins inférieures selon la qualité du blé que l'on aura mis en mouture, la quantité de farine première qu'on en aura tirée et selon aussi la quantité plus ou moins grande que l'on tient à en obtenir pour 0/0. On soumet à la mouture toutes les basses marchandises afin d'en retirer les farines qui y sont adhérentes; on remoud les basses marchandises jusqu'à ce qu'on ne sente plus rouler le gruau entre les doigts. Après que la mouture est entièrement finie, on engraine sur la meule un sac de son pour nettoyer les meules et les bluteries, et en chasser les basses marchandises qui pourraient ternir la mouture suivante.

ARTICLE TROISIÈME.

De la conduite des moutures et des bluteries.

La mouture est plus ou moins bien faite ou plus ou moins avantageuse; les farines qui en résultent sont plus ou moins blanches et ont plus ou moins de qualité, suivant que le garde-moulin apporte de soin et de science à sa conduite; voulant renseigner autant que faire se peut, nous nous exposons quelquefois à des redites que le lecteur voudra bien nous pardonner. Les conseils souvent répétés entrent mieux dans l'esprit de ceux à qui ils s'adressent.

Les praticiens entendent par conduite de mouture la manière de conduire les bluteries, et quelquefois ils y font entrer la conduite des meules, principalement la conduite du moulin à gruaux et la manière de classer les diverses qualités de marchandises qui constituent la mouture en fabrication, afin de les moudre à tour de rôle suivant leur qualité et leur degré de finesse.

En France, tous les établissements dans lesquels on fabrique la farine destinée au commerce de la boulangerie travaillent généralement de la même manière.

Nous engageons notre lecteur à se reporter souvent aux renseignements relatifs à l'acquisition des blés.

Quand on a un choix judicieux de blés de diverses qualités, destinés à entrer dans la même mouture, doit-on toujours entremêler les blés blancs avec les blés rouges, les blés durs, glacés, avec les blés tendres, les blés nouveaux avec les blés vieux, en les vidant dans la trémie du nettoyage? On prétend que le blé sec facilitera la mouture du blé humide, qu'avec du blé tendre mêlé à du blé dur la mouture s'opérera dans de meilleures conditions que si on les moulait séparément, que le blutage se fera bien mieux et la farine aussi. C'est là le cas de modifier un peu le rhabillage.

On ne devra jamais livrer les blés à la mouture sans les avoir bien nettoyés, pour que la mouture s'en fasse bien sans trop fatiguer les meules.

Le blé ne devra pas être trop humide, ni trop sec; quand il est trop sec, l'écorce se pulvérise par l'action des meules et les bluteries ne peuvent pas la séparer entièrement de la farine; il en résulte que celle-ci prend la couleur du son, qu'elle ne peut pas

11

être bien blanche et la substance amylacée produit beaucoup de folle farine qui se perd dans le bâtiment du moulin. Il est donc indispensable de mouiller les blés trop secs. On doit mouiller le blé, vingt-quatre heures avant de le livrer aux meules, pour en obtenir une mouture avantageuse. Après ce temps, il est redevenu sec, comme s'il n'avait pas été mouillé, et l'écorce se trouve parfaitement rassouplie : la farine se détache bien plus facilement du son, les meules moulent avec bien moins de pression que sur les blés non mouillés et la farine en est bien plus blanche; les meules n'ont pas l'inconvénient de se graisser comme cela arrive quand on livre le blé humide peu de temps après avoir été mouillé, et en outre elles frisent plus les sons que quand il y a un certain temps que le blé a été mouillé.

On doit toujours être attentif au mouillage; pour que le blé se trouve mouillé bien régulièrement, on devra avoir deux boisseaux à blé, propres, dont un au deuxième étage pour alimenter les meules, et un autre au troisième pour recevoir le blé du mouilleur devant être abandonné au ressuyage pendant 24 heures, pour le lâcher ensuite dans le boisseau des meules, et puis continuer à faire marcher le mouilleur pour remplir toujours d'avance le boisseau du troisième. On peut encore recevoir le blé du mouilleur en sac pour le vider, vingt-quatre heures après, dans le boisseau des meules. Nous allons revenir sur ce sujet, sous l'article 4 ci-après.

Les bluteries demandent beaucoup de soin et d'aptitude pour les conduire, car elles jouent un grand rôle dans la blancheur des farines, qui dépend de leur conduite plus ou moins régulière, c'est-à-dire de leur tirage, suivant qu'elles font des marchandises plus ou moins sèches, plus ou moins grasses.

Tant qu'elles tirent bien, qu'elles ne font pas de marchandises trop grasses, on doit leur faire porter assez de marchandises; dans le cas contraire, elles feraient des farines grises et piquées. On devra toujours les conduire en pleine marchandise tant qu'elles tirent suffisamment. En France, on emploie les bluteries à sécher dans beaucoup de moulins; elles sont d'un très-grand avantage parce qu'elles retirent la farine existant dans les gruaux provenant de la bluterie à diviser et que les meules altèrent la qualité lorsqu'elles remoulent inutilement cette farine dans la mouture des gruaux. En outre cette bluterie opère l'extraction complète des rougeurs que la bluterie à diviser a laissé échapper dans les gruaux blancs. Les gruaux étant ainsi séchés et divisés sont d'un très-grand avantage pour la blancheur et la qualité des farines.

En Angleterre le travail diffère dans la plupart des moulins ; on y trouve souvent à l'état d'essai des systèmes qui ont déjà été expérimentés.

Dans plusieurs contrées de la France, principalement dans la Brie et dans la Picardie, il y a dans presque tous les moulins, une bluterie à mélanger. Ces bluteries sont destinées à bluter les farines de blé avec les farines de premier et deuxième gruau ; on les entremêle en les vidant dans un râteau qui mélange la farine en la servant à la bluterie ; de manière que les farines se trouvent mêlées en les reblutant ; c'est pourquoi elles portent le nom de bluteries à mélange. Elles sont d'un grand avantage pour la blancheur de la farine, surtout pour les blés secs et durs.

La farine gagne de la blancheur chaque fois qu'elle est reblutée. On a vu des meuniers bluter leurs farines jusqu'à trois fois, et chaque fois ils obtenaient

la farine plus blanche. On ne devra jamais rien négliger pour approprier les soies à l'emploi du blutage
des farines. Car la soie des bluteries a une grande
influence sur la blancheur et la qualité des farines
en panification, comme nous l'avions déjà dit.

ARTICLE QUATRIÈME.

Effet des blés mouillés avant d'être mis en mouture.

Comme nous venons de le dire le mouillage est
une opération nécessaire; quand les blés sont pour
les mettre en mouture trop secs, ils se brisent à la
mouture, les sons se pulvérisent comme du poivre.
Le mouilleur a été inventé pour l'époque où les blés
sont très-secs, principalement quand viennent les
mois de mai, juin, juillet, août et septembre.

L'opération du mouillage consiste à mouiller les
blés suivant le besoin, suivant qu'ils sont plus ou
moins secs pour en obtenir une farine plus douce et
plus blanche. Les blés mouillés 24 heures avant
d'être mis en mouture, se moulent bien plus facilement que si on les moulait aussitôt qu'ils sont mouillés, parce que le blé qui a été mouillé d'avance se

trouve parfaitement séché et l'écorce se rassouplit; au lieu que pour le blé qui est livré trop tôt à la mouture, l'eau n'a pas eu le temps de pénétrer dans l'écorce et de plus a pour effet de graisser les meules.

Les blés du Midi de la France ou les blés durs, doivent être mouillés deux ou trois jours d'avance, plusieurs fois, pour que l'eau puisse pénétrer dans les grains. On devra donner moins d'entrée aux meules pour la mouture des blés très-secs et durs et tenir l'entrepied de manière qu'il prépare le travail à la feuillure.

Ce sont les blés durs qui contiennent le plus de gluten : ils prennent plus d'eau que les bons blés tendres; leur rendement est aussi bien plus avantageux.

ARTICLE CINQUIÈME.

Mouture des blés gourds ou germés.

La mouture des blés gourds ou blés germés demande beaucoup de soins. Les meuniers qui auront de semblables blés à moudre, devront rhabiller leurs

meules très-souvent, les rhabiller un peu plus fort
que pour la mouture des blés secs, c'est-à-dire
leur donner une ciselure plus vive et les conduire
légèrement de manière qu'elles se débarrassent
facilement de la marchandise; on pourra aussi augmenter leur entrée et la faire anticiper sur la partie
de l'entrepied que nous appelons partie ménagée, de
manière qu'elles fassent une boulange moins molle;
dans le cas contraire elles feraient une boulange
grasse, et elles seraient susceptibles d'acquérir une
température trop élevée; car les blés gourds ont à
souffrir de l'excès de chaleur plus que toute autre
nature de grains Outre une boulange trop grasse,
elles s'encrasseraient et cela altérerait le gluten
d'une manière étonnante, et comme il est déjà en
très-petite quantité dans les grains gourds ou germés,
la farine ne donne pas l'adhérence convenable à la
panification. La farine des grains de cette nature
n'est pas bonne à faire le pain de première qualité :
on ne peut l'employer que comme farine deuxième,
parce que l'humidité qu'ils contiennent, rend la
farine d'un blanc mat, et forme un pain nutritif d'un
goût fade.

Il est facile de reconnaître les blés gourds au tou-

cher. Ils sont durs : on ne peut pas faire entrer facilement la main dans les sacs de blé : leur rendement
en farine n'est jamais bien considérable, attendu
qu'il ne dépasse pas 71 à 73 kilogrammes pour 100 :
ils ont un déchet considérable et les marchandises
ne se conservent pas longtemps sans s'échauffer. La
mouture est aussi beaucoup plus difficile et demande
plus de temps pour la finir, car les bluteries ne
tirent que très-difficilement : on devra toujours
tenir les meules un peu rondes pour obtenir un bon
résultat.

Les meules qui conviennent pour les blés gourds
ou germés sont des meules vives, à petite porosité,
ou une meule anglaise avec une demi anglaise,
comme volante.

ARTICLE SIXIÈME.

Mouture des blés grainés d'ail.

Les blés qui sont garnis d'ail présentent une très
grande difficulté à la mouture, car on n'a pas encore
trouvé le moyen de les en débarrasser. C'est assez
difficile, attendu que ces sortes de graines ont la

même grosseur que le blé : les meules vives, ardentes, à petite porosité, sont les meules qui conviennent dans ce cas.

Les graines d'ail ternissent la farine et elles se collent sur la pierre, de manière qu'en moins de deux jours les aspérités des meules se trouvent entièrement bouchées; l'ardeur des meules se trouvant complétement paralysée, la mouture ne peut plus se faire qu'imparfaitement.

Pour remédier à cet inconvénient on devra rhabiller les meules très-souvent, donner une rhabillure bien foncée, tenir les rayons en bon état, laver les meules au moins tous les deux jours pour faire une mouture convenable, avoir surtout des cœurs un peu éveillés et très-vifs.

ARTICLE SEPTIÈME.

Mouture des blés avariés, et leur effet en panification.

Avant de traiter la mouture des blés avariés, il nous paraît nécessaire de faire connaître les diverses circonstances qui peuvent altérer les blés.

Les blés s'altèrent par les transports en bateaux,

principalement dans le fond de cale et dans les lieux humides. Ils prennent un goût de relan de musc et si l'humidité est trop grande, ils moisissent. Pour éviter ce désagrément, il faut les tenir dans un endroit sec, aéré, à une température modérée, où le soleil ne donne pas trop, afin de les préserver des charançons.

Impossible d'obtenir de bons résultats avec des blés avariés, car le goût dont le grain est infecté passe dans la farine et ne peut pas se perdre sous l'action des meules; par conséquent le rendement ne saurait être favorable, car on ne peut pas réparer la qualité que le grain a perdue.

On comprendra facilement que le pain d'une farine altérée soit privé de sa vertu panifiable; le pain que l'on peut en tirer est terne, d'un mauvais goût, peu nourrissant et nuisible à la santé; un blé imparfait ne peut faire qu'une farine défectueuse. Il n'est pas possible de transformer la nature des grains : on peut les épurer, leur donner une bonne apparence, mais il n'appartient pas à l'homme de leur rendre la qualité qu'ils ont perdue.

La méthode conserve l'essence du grain, mais elle ne la régénère pas quand elle est altérée.

Les meuniers qui font des moutures de ces sortes de grains sont plus exposés à perdre qu'à gagner : car le rendement que l'on en obtient est si désavantageux qu'il ne peut guère leur donner de bénéfice. Il est avéré que les marchandises inférieures coûtent toujours comparativement plus cher que les marchandises de bonne qualité.

ARTICLE HUITIÈME.

De la mouture du seigle et de son emploi.

Le seigle est une céréale très-commune dans beaucoup de contrées. On fait du pain en le mélangeant avec de la farine de froment : on l'emploie dans les villes à faire des petits pains de fantaisie; des boulangers s'en servent pour tourner le pain de première qualité; on en fait aussi du pain d'épices, mais la farine de seigle contient peu de gluten : elle est souvent d'un blanc gris, terne. Cependant nous avons vu dans certaines années que les seigles de la Beauce étaient de première qualité, donnaient des fleurs très-blanches et faisaient de très-beaux pains avec moitié farine de blé de première qualité. La farine de seigle ne se détache que très-difficilement des sons : elle est douce et molle au toucher; elle se panifie moins aisément que celle du froment, à cause du peu de gluten qu'elle contient. Il est assez difficile d'obtenir la mouture du seigle d'un seul coup, c'est-à-dire d'en détacher les sons convenablement sans les repasser sous la meule. Pour opérer la mouture d'un seul coup, il est indispensable d'avoir des meules très-vives et éveillées. Les meules demi-anglaises d'une nature ardente, même une demi-anglaise avec une meule pleine, conviennent également très-bien.

Dans la mouture du seigle que l'on opère d'un seul coup, la farine est bien plus blanche que celle obtenue de la mouture en deux fois.

ARTICLE NEUVIÈME.

Mouture de l'orge pour en tirer la fleur.

On se sert d'orge pour faire du pain. On le mélange très-souvent avec le blé pour faire des farines bises et du pain de deuxième qualité, dans les années de pénurie.

On devra toujours moudre l'orge séparément, attendu qu'il exige une autre mouture que les blés. On doit tenir la mouture assez ronde. Dans la mouture de l'orge, en tenant les meules un peu haute on obtiendra une bonne farine qui aura beaucoup de corps et une blancheur passable. Si, au contraire, on tient les meules trop près de l'orge, on ne fera qu'une farine rouge et très-bise et qui ne sera que d'un mauvais emploi. Son rendement n'est pas très-grand en farine. Il varie entre cinquante-cinq et soixante-cinq pour cent, suivant la qualité.

Les meules qui conviennent pour cette sorte de mouture sont à petite porosité et vives. Leur tenue est la même que pour le blé. On devra seulement les rhabiller plus fortement.

ARTICLE DIXIÈME.

Mouture des féverolles.

Les féverolles ont une écorce noire ou jaune qui a l'inconvénient de piquer la farine. Elles sont très-souvent percées par les vers qui leur font des cavités toujours remplies de poussière ; celle-ci détériore la

farine, si l'on n'a pas soin de l'en débarrasser. On
devra passer les féveroles sous les meules de manière à les casser en deux. Une fois cette mouture
faite, on les tamise dans un grand crible pour enlever
l'écorce qui est souvent très-large. L'écorce monte
sur le crible de manière qu'on peut la séparer de
l'amande et la poussière passe à travers le crible.

On peut encore débarrasser les féverolles de l'é-
corce et de la poussière qu'elles contiennent au
moyen d'un tarare à grains; le ventilateur chasse
l'écorce et la poussière tandis que la grille reçoit la
partie farineuse qui glisse dessus en laissant passer
la poussière échappée au ventilateur.

Quand les féverolles sont ainsi nettoyées on opère
la mouture comme si c'était du blé, ensuite on fait
la mouture des gruaux jusqu'à épuisement ; on remoud le déchet du crible ou du tarare pour faire
des farines à mettre dans les farines bises.

On emploie les farines de féverolles en mélange
au taux de trois ou quatre pour cent dans les farines
provenant de blés gourds et humides, dont le gluten
a perdu sa force par l'humidité : il est nécessaire,
dans ce cas, de faire usage de féveroles pour faire
lever le pain au four et pour lui donner de la cou-

leur : car les farines de blés humides font toujours
un pain pâle.

ARTICLE ONZIÈME.

**De la mouture des blés récoltés avant leur maturité
et de leurs effets.**

Nous avons remarqué que les blés coupés pas trop
mûrs étaient les plus jaunes, les plus beaux en couleur et les plus tendres à la mouture; car généralement les blés coupés après leur maturité sont
toujours plus gris, plus glacés et plus durs à la mouture. La farine en est un peu moins blanche que
les autres; mais malgré cela ils font plus de farine
et la farine a plus de corps : elle absorbe plus d'eau
à la panification; néanmoins les meuniers recher-
chent plutôt les blés jaunes que les gris à cause de
la blancheur supérieure que l'on obtient de ceux
d'une couleur vive et claire.

Dans notre livre Ier nous avons déjà parlé des blés
récoltés avant leur maturité, nous y revenons à
cause de la tenue des meules.

Les blés coupés avant maturité complète sont

plus gonflés à cause de la quantité d'eau qu'ils contiennent en plus que les blés mûrs : ils en contiennent environ moitié de plus. Ces blés ont besoin de rester longtemps exposés au soleil, malgré cela ils ne sont pas de garde; ils fermentent facilement et les charançons les attaquent bientôt : leur couleur est moins claire que les blés mûrs; ils sont souvent durs au toucher, ils contiennent plus de sons et moitié moins de gluten, ils rapportent beaucoup moins de farine que les blés mûrs et donnent beaucoup moins de pain, car ils absorbent moins d'eau à la panification.

Nous avons déjà exprimé l'avis que les meuniers ne devaient pas acheter des blés avant leur parfaite maturité.

On devra rhabiller les meules serrées pour la mouture de ces sortes de blés, de manière à transformer convenablement la surface de la pierre, afin de donner de l'ardeur à la pierre de façon qu'elles effectuent la mouture sans pression, qu'elles ne montent pas à une température trop élevée et pour conserver les propriétés que ce grain contient déjà en très-petite quantité.

ARTICLE DOUZIÈME.

Critique des gardes-moulins inhabiles.

Certains gardes-moulins et généralement les plus ignorants ne veulent recevoir d'observation de personne, parce qu'ils se flattent de connaître leur métier à fond, et qu'il n'est pas possible de rivaliser avec eux. Il est assez difficile d'instruire des gens qui ne veulent recevoir aucun conseil.

Comme dit le proverbe, il n'y a pas de sourd pire que celui qui ne veut pas entendre. Cependant il n'y a pas beaucoup de gardes-moulins qui n'aient rien à apprendre, principalement dans les campagnes, et qui puissent raisonner avec sagacité sur tous les principes de la tenue et du rhabillage des meules, sur leur direction, ainsi que sur la préparation et l'exécution complète de la mouture. Ainsi que nous l'avons dit, il faut beaucoup d'expérience et une grande aptitude pour faire un garde-moulin capable : si le garde-moulin ne peut pas connaître tout ce qui a rapport à la meunerie, il doit connaître au moins la tenue des meules et les diriger de manière à obtenir une mouture satisfaisante, à enlever le son aux grains sans les pulvériser, sans en changer la couleur; à affleurer les grains le plus possible sans les ternir; à faire le moins de gruaux possible, pour éviter les moutures réitérées; prévenir une température élevée; éviter les déchets et enlever aux sons toute leur farine adhérente; mais la plus grande partie des gardes-moulins pèchent plus ou moins sur tous ces points; ils ignorent en partie les diverses sortes de blés; que tel grain exige d'être traité d'une manière, que tel autre demande à être traité autrement, soumis à telle ou telle meule de nature différente, ou rhabillée d'une différente façon.

ARTICLE TREIZIÈME.

Avantages que l'on peut obtenir des gardes-moulin parfaits.

Nous appelons gardes-moulins parfaits ceux qui sont éclairés, qui ne négligent rien pour perfectionner l'art qu'ils professent; comme nous donnons le nom d'imparfaits à ceux qui refusent les bons procédés, qui font fi de la méthode pour rester dans leur présomption.

On comprendra facilement la différence qu'il y a

entre ces deux points extrêmes; quel avantage présente l'un et quel préjudice peut causer l'autre. La différence entre les deux est grande.

Les gardes-moulins dignes de ce nom sont ceux qui connaissent la tenue des meules, qui en distinguent les différentes parties, ainsi que les diverses provenances des grains, qui peuvent disposer les meules et approprier le moulin afin de faire passer dans la farine toutes les propriétés du blé, telles que les matières sucrées qui donnent un goût succulent au pain, le rendent savoureux; les matières gommo-glutineuses produisant la couleur jaune; le gluten qui donne le corps et l'élasticité, l'amidon qui en est la base et qui fait la blancheur de la farine; enfin qui savent obtenir de la mouture tout ce que l'on peut tant sous le rapport de la qualité que de la quantité.

Une mouture mal comprise altère les principes nutritifs, principalement les matières sucrées, gommo-glutineuses, la blancheur de la farine qui ne fera plus que du pain terne, d'un blanc mat, sans parfum, qui ne prendra pas à la cuisson cette couleur dorée, et n'aura pas le croquant qui excite l'appétit en flattant l'odorat.

Nous n'en dirons pas davantage pour faire connaître la valeur d'un garde-moulin parfait. Ceux qui en auront de tels, ne devront pas reculer devant un sacrifice pour les conserver. Il suffit d'une mouture pour faire gagner au meunier bien au-delà du supplément d'argent qu'il pourrait donner en plus : car on ne rencontre pas toujours, parmi les gardes-moulins qui voyagent, des sujets qui réunissent toutes les qualités exigées pour faire un serviteur capable. Dans la meunerie, l'ignorance d'un garde-moulin peut avoir des conséquences plus graves que dans d'autres fabrications : car le préjudice causé dans un moulin par un homme incapable peut être d'une gravité incalculable.

ARTICLE QUATORZIÈME.

Préjudice qu'éprouvent les meuniers en changeant trop souvent de gardes-moulins.

Les meuniers qui ne peuvent pas s'occuper suffisamment, par leurs occupations du dehors, de la conduite de l'usine, dans ses moindres détails, sont obligés d'avoir de bons chefs de mouture.

Il leur faut un homme en qui ils doivent accorder

la plus entière confiance; avec qui ils doivent s'entendre et qui doit, avant tout, répondre par sa conduite, son attention, son activité et sa vigilance à la confiance qu'on doit lui accorder.

Il faut que meunier et chef de mouture cherchent à s'entendre afin d'éviter tous changements qui sont préjudiciables à l'un comme à l'autre.

Si des changemeuts trop successifs arrivent le garde-moulin est obligé de faire une étude nouvelle du moulin, de ses meules, de ses bluteries, et de la mouture qui convient à la clientèle. Pendant qu'il fait cette étude la clientèle se plaint et alors le chef de mouture a des dispositions à changer le système suivi précédemment.

On comprendra facilement que cet examen, si court qu'il soit, se fait constamment au détriment du meunier, si le garde-moulin est obligé de s'en aller au moment où il est habitué au moulin; l'épreuve continue, et le préjudice qui découle tout naturellement de ce système entraîne infailliblement à des pertes considérables, au grand déplaisir du meunier.

ARTICLE QUINZIÈME.

Considérations relatives aux meuniers qui emploient des gardes-moulins.

Le garde-moulin qui a les connaissances exigées a toujours le sentiment de son savoir-faire; il a aussi l'amour-propre de son métier : il ne manque pas non plus de susceptibilité. Il est important que le maître meunier et le garde-moulin s'entendent pour que le travail soit efficace. On devra, avant de porter un jugement, avoir égard à l'état des meules, car il peut arriver qu'elles aient été négligées ou mal tenues. Ce n'est pas à une première mouture qu'on pourra se rendre compte, parce qu'une seule rhabillure ne peut mettre des meules en état de faire une mouture parfaite. Il sera facile au meunier de voir alors comment son garde-moulin s'y prend pour ciseler ses meules, si les ordres qu'il donne sont précis, et de quelle manière il dirige le travail. Il pourra reconnaître en peu de temps s'il a affaire à un bon praticien. Si les ordres qu'il donne sont approfondis, s'il ne commande pas un travail superflu, s'il sait bien disposer de son temps, il sera au moins sûr d'avoir un garde-moulin intelligent; il est certain que cette disposition ne justifie pas tout le talent exigé, mais le garde-moulin mérite déjà une certaine confiance; le meunier se convaincra de son travail en le surveillant à la tenue et à la ciselure des meules, afin de voir si la mouture se présente dans des conditions avantageuses. Si tout est bien, il sera certain d'avoir un homme précieux, qu'il aura intérêt à conserver dans son moulin. Mais si au contraire il aperçoit au bout d'une quinzaine de jours d'essai, qu'il s'entend peu à la rhabillure et à la tenue des meules, à leur conduite, que les grains s'altèrent à la mouture et perdent leurs propriétés essentielles, ce serait compromettre ses intérêts que de le conserver plus longtemps.

En Angleterre, le rhabilleur ne réglige rien pour donner l'énergie proportionnée à la quantité de grains à transformer en farine.

Cet article doit se confondre avec l'article 14 comme avec l'article 16 ci-après, qui pour nous ont pour conséquence que :

Ce sont les bons maîtres qui font les bons ouvriers ;

Et que ce sont les bons ouvriers qui font les bons maîtres.

ARTICLE SEIZIÈME.

Conseils aux gardes-moulins, leur responsabilité et leurs devoirs.

Les gardes-moulins assument sur eux de nombreux devoirs qui leur imposent une grande responsabilité. Les découvertes qui ont été le fruit que les bons praticiens ont pu recueillir, les améliorations précieuses pour perfectionner les méthodes, démontrent combien exige de savoir, d'aptitude et d'activité la direction dont ils sont chargés. Mais pour leur faciliter la voie, éclairer leur marche et rendre leur œuvre plus facile et plus sûre, ils doivent suivre les préceptes, ne négliger aucune opération et tout conduire de manière à ce que leur conscience n'ait pas à leur reprocher les pertes qu'ils pourraient causer à leur maître par leur imprudence. Il est de leur devoir de se justifier par leur intelligence et leur zèle, s'ils veulent s'attirer une bonne renommée dans l'art qu'ils pratiquent : il y va de leur intérêt : parce que les meuniers se disputent les bons praticiens, et n'hésitent pas à les rémunérer avantageusement; on ressent toujours une satisfaction quand l'on s'acquitte consciencieusement de son devoir. Les gardes-moulins qui ont plusieurs tournants à diriger et plusieurs employés pour auxiliaires à leur direction, doivent avoir l'œil partout, il ne faut pas commander aux subalternes d'une manière impérieuse, brusque; car on gagne plutôt l'affection et l'obéissance par la modération, la modestie et la douceur que par des ordres qui froissent et rebutent, en faisant perdre l'affection et l'obéissance.

Le garde-moulin doit avoir bien soin de veiller à ce que les meules soient bien tenues et les rhabiller d'une ciselure serrée et foncée, autant que possible, en s'assurant d'un coup d'œil, si chacun s'acquitte de son devoir; il faut savoir se débarrasser lestement des travaux de l'intérieur du moulin, afin de ne pas obliger le patron à prendre le commandement à leur place, parce que cela pourrait faire perdre de leur autorité acquise sur leurs subalternes.

Il doit surveiller la mouture lui-même, régler les meules et éviter qu'un autre, sans son ordre, vienne y mettre la main. Il doit aussi vérifier les blés en les recevant dans le moulin avec l'échantillon pour s'assurer s'ils ne contiennent pas des graines étrangères à cet échantillon, voir s'ils ont besoin

ou non d'être mouillés. Il ne doit pas perdre de vue
non plus les devoirs que lui imposent diverses obli-
gations sur différents détails qui paraissent insigni-
fiants en particulier, mais qui peuvent être très-im-
portants dans leur ensemble, car quelques moments
d'oubli peuvent causer des pertes considérables, surtout la température trop élevée de meules qui altère
les principes essentiels, indispensables pour obtenir
une bonne farine.

Les gardes-moulins peuvent contribuer puissam-
ment à prévenir et à amoindrir les disettes en évitant les pertes causées par la mouture défectueuse.

En un mot il ne faut pas que le garde-moulin ou-
blie une seule fois que toute son attention doit être
à sa mission.

ARTICLE DIX-SEPTIÈME.

De la mouture à la française.

La mouture à la française que faisaient les meuniers de l'ancienne école n'était pas aussi bien faite
que par la méthode actuelle.

C'est pourquoi lorsqu'on a comparé les deux systèmes de mouture, il s'est opéré une si grande révo-

lution dans le changement de système de mouture et le genre de moudre. On ne devait pas sans doute éviter de donner la préférence à celui qui offrait des avantages sérieux. Ce sont là, pensons-nous, des démonstrations suffisamment détaillées et fondées sur des faits suffisamment importants pour engager les meuniers qui sont encore en retard, à laisser l'ancienne méthode pour prendre la nouvelle. Les progrès de la mouture, dite à l'anglaise, marchent et leurs avantages sont certains. Ils ne peuvent être niés que par l'ignorance; mais elle aura le dessous; les résultats supérieurs de la nouvelle méthode ne sont-ils pas là pour le démontrer?

ARTICLE DIX-HUITIÈME.

Mouture anglaise inventée par les Américains.

Le pain étant le premier des aliments, toute innovation tendant à le rendre plus abondant et meilleur est un bienfait public. Celui qui a eu le premier l'idée de la mouture dite à l'anglaise doit être considéré comme un bienfaiteur du genre humain; mais son nom n'est pas connu : l'introduction de ce système en France remonte à 1816, où le premier moulin fut monté à l'anglaise à Saint-Quentin par l'ingénieur Mousdly. Ses plans ont été copiés par le gouvernement pour être déposés au Conservatoire des arts et métiers de Paris.

Le nettoyage des grains n'est pas en Angleterre aussi soigné qu'en France; cependant il existe bon nombre de machines qui veulent rivaliser avec les nôtres.

La mouture à l'anglaise n'est pas comparable à la mouture française : elle achève bien mieux le travail; on obtient des farines bien plus blanches et plus convenables à la panification : elle fait des sons plats, bien plus larges et beaucoup mieux épurés; si les meules sont bien tenues, elles affleurent bien mieux et produisent bien moins de gruaux : elle évite tout naturellement les remoutures réitérées, elle évite alors les déchets : elle opère le broiement avec plus de facilité par le seul effet de la régularité du contact des pierres, ce qui facilite l'expédition du travail et produit des farines bien mieux affleurées; cela leur donne bien plus de débit; elles font le pain plus beau et moins grossier, par conséquent moins rude à la mastication. On peut facilement se rendre compte de l'opération que les grains subissent à

l'entrée des meules ; ils sont pris par le cœur, où ils
se trouvent comprimés en quittant le cœur ou en
arrivant aux abords de l'entrepied, suivant le diamètre du cœur et des meules : les sons et les gruaux
se trouvent formés par l'entrepied : l'affleurement
de la boulange se trouve commencé en quittant la
partie ménagée de l'entrepied, et ensuite elle arrive
sous la feuillure qui est chargée de finir l'affleurement de la boulange, de la parachever, de vider les
sons qui lui sont soumis par la partie ménagée ; et
toutes ces opérations s'effectuent avec la rapidité
de l'électricité, d'une manière parfaite, si les meules
sont suffisamment en état et convenablement rhabillées : avec cette méthode on n'a pas de sons à remoudre et très-peu de gruaux.

La mouture des sons est la plus mauvaise mouture que la meunerie puisse faire : car on ne peut
guère obtenir que des farines rouges, sans compter
le déchet considérable que la meule à son produit
inévitablement : car la mouture du son ne peut
s'opérer que par une très-grande pression qui a pour
effet de faire monter la chaleur de la meule à une
température élevée, et de produire un très-grand
déchet par la décomposition des sucs végétaux et

des substances nutritives qui forment une partie du poids des sons, sans compter la quantité de force motrice exigée pour l'opération de la mouture des sons. En outre, les meuniers remoulent les sons avec leurs meules disposées pour la mouture du froment, ce que font souvent les meuniers de la Belgique et de l'Allemagne. Cette méthode cause une perte considérable à la mouture, parce qu'il n'y a rien de tel que la mouture des sons pour détériorer et démoulager les meules destinées à la mouture du blé, de manière que les meules qui moulent du son ne peuvent pas être en état de faire une mouture avantageuse sur les blés; il résulte de cette méthode des pertes sérieuses au grand préjudice des meuniers.

Car l'expérience a démontré que le dépouillement des sons s'opérait bien mieux par une première opération et que la mouture était bien plus avantageuse : elle fait bien moins de farine bise, et la farine adhérente à l'écorce est de première qualité. Si la farine est grise ou rouge après la mouture du premier travail, c'est que la mouture a été faite dans de mauvaises conditions et les meules ont trop brisé et pulvérisé les sons, cela ne peut arriver que par une mouture mal comprise : cela arrive toujours avec des meules mal tenues et en mauvais état. Les sons se trouvent réduits en poudre mêlée à la farine, qui prend la couleur du son, la farine provenant des re-moutures des sons et des recoupettes fines. Enfin des moutures réitérées se trouvent mélangées de sons fondus qui leur communiquent une couleur jaune rouge neutralisant sa saveur naturelle, de sorte qu'elle ne peut plus faire qu'un pain d'un mauvais goût et d'une mauvaise nuance.

Le fabricant anglais ne craint pas de laisser de la farine dans ses issus, car il effectue le blutage dans des blutoirs à brosses ou dans des bluteries recou-vertes de toiles qui laissent passer toutes les parties autres que le gros son ; cependant pour une certaine classe de la société il prend les farines tombées à la tête de leur blutage pour en faire les nuances dites double white (double blanche ou blanche).

ARTICLE DIX-NEUVIÈME.

Eaux de lavage des sons.

Voir le rapport de M. Herpin, proposé en 1852.

ARTICLE VINGTIÈME

Mouture à la grosse.

Extrait du manuel Roret :

« Ce genre de mouture, qui a longtemps été seul pratiqué, mais qu'on a abandonné presque partout, excepté dans les établissements au compte de l'administration, consiste à moudre à meules plus rapprochées et à mélanger tous les produits, sauf une quantité de son déterminée : c'est ce qu'on appelle encore aujourd'hui *moudre à tant d'extraction*, c'est-à-dire que, selon l'emploi qu'on veut faire de cette mouture, on n'extrait, sur 100 kilogr. de blé, que 10 kilogr., 12 ou 15 kilogr. de son, et que tout le reste demeure mélangé avec la farine, et entre dans la confection du pain.

« Parfois aussi, après cette mouture à la grosse, la farine est passée par plusieurs bluteaux, comme dans le système dit *américain*, dont elle se rapproche beaucoup ; tantôt aussi on soumet les marchandises à une deuxième ou une troisième opération, c'est-à-dire qu'on combine ensemble la mouture américaine avec la mouture économique, suivant les usages, les besoins et les circonstances.

ARTICLE VINGT-ET-UNIÈME

Mouture à gruaux sassés, dite mouture à vermicelle.

Extrait du manuel Roret :

« Le gruau est la partie du grain immédiatement au-dessous de l'écorce, et qui constitue une matière jaunâtre, dure, sèche, transparente, qui se prolonge jusqu'au centre, et forme environ la moitié du volume du grain.

« Le but de la mouture à gruaux consiste à obtenir beaucoup de gruaux, par conséquent, il faut pour cela, que la mouture soit ronde, c'est-à-dire que les meules soient bien moins rapprochées que dans la mouture américaine, qui se fait par pression, et par laquelle on cherche, au contraire, à obtenir le moins de gruaux possible.

« On recherche, dans la mouture à gruaux, des meules un peu plus ardentes que dans la mouture ordinaire, puisqu'à cause de la distance qu'on laisse

entre les meules, il ne se ferait qu'un travail imparfait, si ces meules étaient seules et sans ardeur.

« On est aussi dans l'usage de donner à la meule
courante une forme un peu concave, de manière
que le grain, à mesure qu'il s'arrondit, se concasse
et diminue de volume, rencontre un entre-deux de
plus en plus étroit, c'est-à-dire, soit moulu graduellement depuis le centre jusqu'à la circonférence.
En général, on admet que le grain est roulé dans le
cœur des meules, concassé à l'entre-pied et affleuré
à la feuillure.

« Dans une bonne mouture de ce genre, les
gruaux doivent être vifs et de grosseur uniforme :
ce serait un grand défaut de moudre trop rond, les
gruaux ne seraient pas bien détachés des sons; il y
en aurait beaucoup, mais la plus grande partie serait
en gruaux bis. Cette mouture trop ronde produirait
aussi beaucoup de farine bise, par conséquent, beaucoup de produit inférieur et de perte.

« C'est aussi un défaut de moudre trop près, attendu que les gruaux se trouvant en grande partie
écrasés sont alors difficiles à sasser et produisent peu
de semoule.

« Il est essentiel que la mouture soit uniforme, et

qu'il n'y ait pas de gruaux mous ni de gruaux durs, des fins et des gros, parce que cette mouture se bluterait mal.

« Enfin, il faut, comme dans tous les autres genres de mouture, que les meules soient bien de niveau et rhabillées au degré convenable.

« Les blés fins et tendres ne valent rien pour la mouture à gruaux sassés, ou plutôt ne produisent que des gruaux de médiocre qualité. Les blés les plus propres à ce genre de mouture sont les blés gris et durs, et, en général, les blés où abonde un gruau sec, ferme et facile à concasser.

« Les gruaux obtenus par la mouture sont épurés au moyen d'un instrument appelés *sas*, d'où est venu à ce genre de travail le nom de *mouture à gruaux sassés*.

« Le sas est un crible léger, dont le fond est garni d'une peau percée avec une extrême finesse. Ce sas se manœuvre ordinairement à la main.

« Pour sasser les gruaux avec succès, il faut en avoir une grande habitude. Pour cela, on imprime au sas un mouvement circulaire horizontal en même temps qu'on l'élève pour le laisser retomber, ou pour frapper un coup à chaque fois.

« A l'aide de ce mouvement composé, les matières renfermées dans le sas se classent suivant leur poids spécifique. Il s'élève, en conséquence, à la surface, des recoupettes qu'on enlève à mesure du travail, puis la semoule se sépare du gruau, et tombe à travers les trous du sas, tandis que les gruaux restant sur celui-ci, se séparent peu à peu par plusieurs coups de cet instrument.

« Les gruaux Nᵒˢ 1, 2, 3 et 4 ont ordinairement assez de trois coups de sas ; les numéros suivants en exigent un et quelquefois deux de plus, pour les rendre parfaitement clairs et exempts de soufflures ou rougeurs, qui gâtent toujours la semoule, et par suite la farine qu'elle produit.

« Les gruaux sassés servent à faire ces belles farines avec lesquelles on confectionne ces pains si blancs que l'on sert, à Paris, chez les restaurateurs et sur les bonnes tables. »

A l'extrait que nous venons de rapporter, nous pouvons ajouter que depuis il s'est établi en Hongrie de grands moulins où se fait la mouture ronde; on emploie à cet effet des meules à grands œillards qui né laissent que 23 cent. de pierre travaillante, sans cœur ou boitard, les rayons sont courbes.

« La quantité de farine qu'on retire du blé, dans les différents systèmes de mouture, dépend de la perfection de la mouture, ou du travail de l'extraction.

« L'analyse mécanique du blé prouve qu'il ne renferme pas plus de 2 à 3 pour 100 de son : or, comme dans les procédés les plus perfectionnés on a encore jusqu'à 20 pour 100 au moins d'issues, on conçoit quels perfectionnements il reste encore à faire dans la mouture du froment pour en extraire toute la farine qu'il renferme.

« Le degré de perfection d'un système de mouture se mesure par la proportion de travail qu'il exige, la quantité de farine qu'il fournit et la qualité de cette farine. »

ARTICLE VINGT-DEUXIÈME

Du gluten, par Beccaria.

Le gluten, dit Beccaria, existe dans presque toutes les céréales en diverses proportions, ainsi que dans les fèves, les pois, le riz, la pomme de terre, les coings, les châtaignes, etc. C'est à ce principe que nous devons la panification des farines, qui sont d'autant plus propres à la fabrication du pain qu'elles sont plus riches en gluten.

On le prépare en lavant la pâte de blé jusqu'à ce que l'eau passe claire; l'eau lui enlève ainsi la fécule, qu'elle dépose au fond du vase, et l'on obtient le gluten en une pâte ferme, grisâtre, très-élastique, n'ayant presque pas de saveur, et conservant l'odeur du sperme. En le tirant de toutes parts, il s'étend beaucoup et ressemble à une membrane. Quand il est sec, il est brunâtre, transparent, dur, cassant, inodore, insipide et insoluble dans l'eau, l'alcool, l'éther, et les huiles.

Il se saponifie avec la potasse, se dissout dans les acides minéraux affaiblis, ainsi que dans l'acide acétique, d'où les alcalis le précipitent sans altération.

L'acide sulfurique le dissout en le noircissant; si l'on y ajoute de l'eau, il se précipite en flocons jaunâtres. L'acide nitrique, aidé de l'action de la chaleur, le décompose et le convertit en acide acétique et en une substance amère.

Quoiqu'il soit insoluble dans l'eau, si on le fait bouillir dans ce liquide, il perd, avec sa tenacité, sa propriété collante. S'il est humide et qu'on le laisse exposé au contact de l'air, il s'altère, devient trèsgluant et en partie soluble dans l'alcool. Cette dissolution forme un assez beau vernis.

Le chimiste italien Taddey a annoncé que le gluten de froment était composé de deux substances, qu'on pouvait isoler en le pétrissant avec de l'alcool jusqu'à ce qu'il devînt plus laiteux. Au bout de quelque temps, l'alcool dépose un peu de gluten et reprend sa transparence ; en l'abandonnant à l'évaporation spontanée, il dépose une substance particulière qu'il nomme *gliadine*.

La partie du gluten non attaquée par l'alcool est la *zimome* de Taddey. Cette substance s'obtient en traitant par l'alcool, qui dissout la gliadine et l'unit à l'eau, tandis que la zimome, qui fait le tiers du gluten, s'obtient pure en laissant bouillir dans l'alcool.

Cette substance est en petits globules ou en masse informe d'un blanc cendré, dure, ayant peu de cohésion, plus pesante que l'eau, brûlant avec flamme et exhalant, lorsqu'on la jette sur les charbons, une odeur analogue à celle du sabot de cheval quand on le brûle ; elle est insoluble dans l'alcool, soluble dans l'acide acétique, nitrique, sulfurique et hydrochlorique ; elle forme un savonule avec la potasse caustique, insoluble dans l'eau de chaux, et les solutions des carbonates alcalins s'y durcissent même ; elle devient visqueuse lorsqu'on la lave avec de l'eau, prend une couleur brune au contact de l'air, se corrompt très-vite et répand une odeur d'urine pourrie.

ARTICLE VINGT-TROISIÈME.

Du rendement des blés en farine.

Il est intéressant de connaître le rendement des blés. Rien de plus facile à comprendre, le tout dépend de la pesanteur des grains, qui varie selon les provenances et selon les qualités. Les blés récoltés avant leur maturité ou mouillés en gerbes se rétrécissent en séchant et ne pèsent que le 8 à 9 dixième du bon grain, recueilli bien mûr et bien conservé. Si l'on compare deux quantités égales, par exemple 100 litres de blé inférieur du poids de 70 kilogrammes avec 100 autres litres de bon blé pesant 80 kilogrammes, le premier ne pourra rendre autant de farine que le second, mais il fournira plus de son. Le blé mûr est aussi le plus riche en gluten et en amidon, d'où proviennent les avantages de la panification, car la bonne pâte prend plus d'eau, se lève mieux et conserve au pain un meilleur goût.

Lors donc que le meunier se renferme strictement dans la méthode, sans aucune négligence, et qu'il moud un grain d'excellente qualité, le rendement en est très-favorable ; mais si les grains sont maigres, légers, frelatés, le meunier malgré ses soins n'obtiendra qu'une quantité de farine amoindrie de tout point. On peut corriger la nature mais on ne la refait pas. Dans l'ouvrage de M. Rollet on trouve que 100 kilos de blé, de même qualité et au même degré de maturité, nettoyé convenablement, puis moulu et bluté à une bluterie bien entendue ont donné, à 3 kilos près, le même rendement en farine fleur, soit de 62 à 65 kilos ; de 7 à 8 kilos de deuxième qualité, de 5 à 7 kilos de troisième qualité, de 2 à 3 kilos de recoupe ou fleurage, de 17 à 20 kilos de son gros et fin.

Pour mettre à couvert la responsabilité du meunier et empêcher les récriminations de la clientèle, nous allons établir une échelle de proportion du rendement des blés d'après leur poids naturel, par hectolitre, depuis les plus inférieures qualités jusqu'aux meilleures, aux plus pesantes, en notant la différence par augmentation d'un demi-kilogramme par hectolitre. C'est un résumé scientifique et pratique que nous empruntons à une intéressante brochure de M. Louis Thibault, ancien minotier.

Au moyen de ce résumé, qui pourra servir de base au meunier et aux clients, il n'y aura plus à contester sur le rendement de mouture, les déchets seront également notés d'après le poids de l'hectolitre.

A l'aide de ces savants calculs, les boulangers pourront, en achetant les blés, faire les prix de revient des farines et fixer le prix du pain d'une manière exacte, à tant le kilogramme, et les consommateurs eux-mêmes sauront s'y reconnaître dans leur intérêt.

ARTICLE VINGT-QUATRIÈME.

Rendement des farines en pain d'après le poids naturel des blés.

1ᵉʳ TABLEAU. « Si l'on prend le poids naturel de l'hectolitre de froment à 75 kilogr. et le prix à 17 fr. 50 c., le prix du pain de première qualité serait de 33 centimes le kilogr. pris chez le boulanger ;

celui du pain blanc de deuxième qualité serait de 31 centimes 1/2, et celui de troisième qualité serait de 30 centimes.

« Suivant ce poids, l'hectolitre de blé rend 56 kilogr., 360 grammes de toutes fleurs produisant 137 pour cent, ainsi qu'on le voit dans le tableau, soit 77 kilogr. 50 grammes de pain de toutes fleurs que l'on nomme *pain de sa fleur, pain mêlé* ou *pain de ménage*. En conséquence, ce pain étant fabriqué par la boulangerie vaudrait, comme il est dit dans le tarif et régulateur général, un dixième de moins que le pain blanc, soit 28 centimes le kilogramme.

« Mais, pour le consommateur qui le fabriquerait lui-même, payant son blé 17 fr. 50 c., plus pour mouture et panification 2 centimes 1/2 par kilogr. de pain, soit 1 fr. 92 c., ensemble 19 fr. 42 c., le prix de revient ne serait que de 25 centimes le kilogr. en moyenne ; soit une économie de 10 pour cent sur le prix du pain blanc, ce qui ne fait en réalité que 3 centimes de différence par kilogr. de pain sur le prix de la taxe, pour temps perdu. »

2ᵐᵉ TABLEAU. « En admettant le poids naturel de l'hectolitre de froment à 75 kilogrammes et le prix à 17 fr. 50 c., l'hectolitre rend, comme on le voit dans le tableau, 84 kilogr. 1/2 de pain de toutes fleurs, qui ont coûté pour le blé 17 fr. 50 c. et 3 centimes en moyenne pour mouture et cuisson, en laissant le son au meunier, soit 2 fr. 53 c., ensemble 20 fr. 03 c. ; ce qui porte à 23 centimes 3/4 le kilogr. de pain de toutes fleurs, quand le kilogr. de pain blanc de boulanger doit valoir 33 centimes pour la première qualité et 31 centimes 1/2 pour la deuxième qualité; soit 25 pour cent d'économie, sans entraver le commerce des grains et farines. »

3me TABLEAU. « En supposant le poids naturel de l'hectolitre de froment à 75 kilogr. et le prix du blé à 17 fr. 50 c., l'hectolitre rendant 89 kilogr. 1/2 de pain de toutes fleurs, si l'on paie pour mouture et cuisson en plus du son 3 centimes 1/2 par kilogr. de pain, ce qui donne une somme de 3 fr. 11 c., on arrive à une somme totale de 20 fr. 61 c. ; ce qui porte à 23 centimes 1/9 le prix de revient du kilogr. de pain de toutes fleurs, quand le kilogr. de pain de boulanger doit valoir 33 centimes en première qualité, soit 30 pour cent d'économie, bien que le boulanger ne soit taxé que raisonnablement. »

Nous allons rapporter les tableaux du rendement des blés en farine, d'après leur poids naturel et l'on verra l'influence de la bonne qualité sur la prise d'eau en panification.

ARTICLE VINGT-CINQUIÈME.

TABLEAU DU RENDEMENT DES BLÉS EN FARINES ET DES FARINES EN PAIN, D'APRÈS LE POIDS NATUREL DES BLÉS.

1er TABLEAU.

Rendement des blés en farines de toutes fleurs, d'après le poids du blé qui les aura produites.

POIDS de l'hectolitre de froment.	DÉCHET et évaporatᵒⁿ en moyenne.	GROS et petits sons	RENDEMENT de toutes fleurs.	QUANTITÉ de litres d'eau pure par 100 kil. de toutes fleurs, sons et remoulage.	QUANTITÉ de pain par 100 kil. de toutes fleurs, l'eau s'évaporant d'un tiers en moyenne à la cuisson.
kil.	2	kil. gr.	kil. gr.	litres.	kil.
70	2	17 680	50 320	48	132 p. %
71	2	17 470	51 530	49 1/2	133
72	2	17 265	52 735	51	134
73	2	17 050	53 950	52 1/2	135
74	2	16 850	55 150	54	136
75	2	16 640	56 360	55 1/2	137
76	2	16 430	57 570	57	138
77	2	16 225	58 775	58 1/2	139
78	2	16 020	59 980	60	140
79	2	15 810	61 190	61 1/2	141
80	2	15 600	62 400	63	142

2ᵉ TABLEAU.

*Rendement des blés en farines et des farines en pain,
d'après le poids naturel de l'hectolitre moulu et bluté à 15 p. c.
déduction faite de 2 kil. pour déchet et évaporation.*

(Toutes les fractions entre le kilogr. et le demi-kilogr. ont été négligées.)

DÉCHET et évaporatⁿ en moyenne.	POIDS de l'hectolitre de froment.	RENDEMENT en toutes fleurs. d'un hectolitre.	SONS gros et menus.	QUANTITÉ de litres d'eau pure qu'il faut pour toute la fleur d'un hectolitre.	RENDEMENT en pain de toute fleur d'un hectolitre.
kil.	kil.	kil.	kil.	litres.	kil.
2	70	58	10	27	76
2	71	59	10	28	77 3/2
2	72	59 1/2	10 1/2	29 1/2	79 1/2
2	73	60 1/2	10 1/2	31	81
2	74	61 1/2	10 1/2	32	83
2	75	62	11	34	84 1/2
2	76	63	11	35	86 1/2
2	77	64	11	36 1/2	88 1/2
2	78	65	11	38	90
2	79	65 1/2	11 1/2	39 1/2	91 1/2
2	80	66 1/2	11 1/2	41	93 1/2

3ᵉ TABLEAU.

Rendement des blés en farines et des farines en pain,
d'après le poids naturel de l'hectolitre moulu et bluté à 10 p. c.,
déduction faite de 2 kil. pour déchet et évaporation.

(Toutes les fractions entre le kilogr. et le demi-kilogr. ont été négligées.)

DÉCHET et évaporat^{on} en moyenne.	POIDS de l'hectolitre de froment.	RENDEMENT en toutes fleurs d'un hectolitre	SONS gros et menus.	QUANTITÉ de litres d'eau pure qu'il faut pour toute la fleur d'un hectolitre.	RENDEMENT en pain de toute la fleur d'un hectolitre.	
kil.	kil.	kil.	kil.	litres.	kil.	
2	70	61	7	28	79	1/2
2	71	61 1/2	8	29 1/2	81	
2	72	62 1/2	8	31	83	
2	73	63 1/2	8	32 1/2	85	
2	74	64 1/2	8	34	87	
2	75	65 1/2	8	35 1/2	89	
2	76	66	8	37	90	1/2
2	77	67	8	38 1/2	92	1/2
2	78	68	8	40	94	1/2
2	79	69	8	41 1/2	96	1/2
2	80	70	8	43	98	1/2

4ᵉ TABLEAU.

POIDS d'un HECTOLITRE de FROMENT.	RENDEMENT en pain DES 50 KILOG. de PREMIÈRE FLEUR.	
kil.	kil.	hect.
70	66	»
71	66	50
72	67	»
73	67	50
74	68	»
75	68	50
76	69	»
77	69	50
78	70	»
79	70	50
80	71	»

ARTICLE VINGT-SIXIÈME.

Comparaison des mesures longitudinales.

1^m a 10 décimètres et 100 centimètres.

Danemark. 1 alen = 0. 628 millimètres ; 1 fol. = 12 ton-
nes = 0. 314^m.

Espagne. 1 pie = 0. 728^m 1 palmo = 9 pulgados =
0. 208.

France (anc. mes.) 1 pied de roi = 0. 325 — 12 pouces
à 12 lignes, 0,325^m.

G^{de}-Bretagne. 1 yard = 0. 914. 1 foot = 12 inches,
0. 305^m.

Autriche et Hongrie. 1 Vienerelle. 0. 779 — 1 fuss =
12 zoll. 0. 316^m.

Russie. 1 arschin = 0. 711. 1 fuss = 12 zoll. 0. 305^m.

Suisse. 1 elle 0. 600. 1 » 10 » 0. 300

Turquie. 1 pik (Draa) 0. 676.

Prusse. { Le pied (12 pouces) 0^{m}314.
{ Le pouce . . . . . 0 026.

Bavière. { Le pied (12 pouces) 0 292.
{ Le pouce . . . . . 0 024.

Bavière Rhénane :

Le pied (12 pouces). 0 340.

Le pouce . . . . . 0 028.

Lubeck. Le pied . . . . . . 0 288.

Aune . . . . 0 576.

Brême. Elle (aune) . . . . 0 578.

ARTICLE VINGT-SEPTIÈME.

Place de Marseille.

Sur la place de Marseille il existe un usage pour traiter les blés et autres céréales.

Les renseignements sur les usages de la place sont consignés dans un excellent ouvrage de M. Pierre Billaud, négociant à Marseille, rue Sainte, n° 4.

Nous lui empruntons quelques-uns de ses renseignements.

Le blé se traite par « charge » de 160 litres, soit 8 doubles-décalitres.

Sur le prix convenu il y a toujours un escompte de un pour cent.

Le vendeur garantit un poids maximum et un poids minimum; on établit une différence de 4 kilos et quelquefois 5 kilos par charge du maximum au minimum.

Il existe trois sortes de marchés à livrer :

1° Le marché sur navire désigné, ou sur navire désigné dans un laps de temps déterminé ;

2° Le marché ferme ;

3° Le marché à prime.

M. Billaud a établi diverses tables de réduction du prix de la charge aux cent kilos franco en gare, et franco en transbordement; puis des cent kilos à la charge et de la charge aux cent kilos premier coût.

La toile n'est pas comprise dans les prix, qui sont nets d'escomptes, de frais et commission.

Nous renvoyons nos lecteurs à ces divers tarifs et aux lois et réglements qui sont indiqués dans l'ouvrage de M. Billaud, qui est d'une grande utilité pour tous les négociants qui traitent sur la place de Marseille.

Rapport du poids de l'hectolitre et de la charge.

Hectolitres.		Charge.		Hectolitres.		Charge.	
60		96		74		118	4
60	5	96	8	74	5	119	2
61		97	6	75		120	
61	5	98	4	75	5	120	8
62		99	2	76		121	6
62	5	100		76	5	122	4
63		100	8	77		123	2
64		102	4	77	5	124	
64	5	103	2	78		124	8
65		104		78	5	125	6
66		105	6	79		126	4
66	5	106	4	79	5	127	2
67		107	2	80		128	
67	5	108		81		129	6
68		108	8	81	5	130	4
68	5	109	6	82		131	2
69		110	4	82	5	132	
69	5	111	2	83		132	8
70		112		83	5	133	6
70	5	112	8	84		134	4
71		113	6	84	5	135	2
71	5	114	4	85		136	
72		115	2				
72	5	116					
73		116	8				
73	5	117	6				

**Rapport de mesure pour céréales avec les
provenances ci-après.**

Odessa.	S'chetwos.	100	Pour charge	130
Marianopoli.	»	100	»	130
Kagourock.	»	100	»	130
Galatz.	Quilots.	100	»	260
Ibraïla.	»	100	»	420
St-Jean-d'Arc.	»	445	»	100
Smyrne.	»	460	»	100
Salonique.	»	460	»	100
Enor.	»	450	»	100
Burgar.	»	450	»	100
Varna.	»	450	»	100
Balchik.	»	450	»	100
Constantinople.	»	460	»	100
Jaffa.	»	455	»	100
Gazza.	»	460	»	100
Caïffa.	»	450	»	100
Tripoli.	»	450	»	100
Volo.	»	455	»	100
Scalanora.	»	455	»	100
Alexandrette.	»	200	»	100
Tarsous.	»	460	»	100
Malte.	Salmes	100	»	175
Barletta.	Romoli	300	»	160
Alexandrie.	Ardeps.	90	»	100

SUPPLÉMENT

DOMAINE DE MARCY

EXPLOITATION

DES

CARRIÈRES DE LA JUSTICE

APPARTENANT A M. S. ROUSSEL

Ingénieur civil, propriétaire exploitant.

On trouve dans les carrières de la Justice (Côte du Limon) des pierres dont la couleur varie du blanc jusqu'au brun un peu foncé, en passant par diverses nuances indécises de gris bleu, gris clair, bleu céleste, violet, jaune d'ambre, gris jaune, et jaune brun.

La côte du Limon dont les auteurs ont si souvent parlé, renferme des carrières qui fournissent des pierres de premier choix, avec lesquelles on fabrique des meules qui font blanc, débitent beaucoup, prennént bien le marteau et conservent bien leur rhabillure.

La grande étendue de terrain que possède M. Roussel lui permet de donner à ses carrières une très-grande activité, afin de subvenir à tous besoins, et à toutes les exigences de la clientèle pour meules anglaises et demi-anglaises.

Représentant : **JULES BERTRAND**, *marchand de Meules, à La Ferté-sous-Jouarre*

Auteur d'un Traité Pratique de la Meulerie à l'usage de la Meunerie.

ACCESSOIRES DE MEUNERIE

SPÉCIALITÉ POUR ACCESSOIRES DE MEUNERIE

PARIS

MM. DULIEUX-CAMPEAUX, rue de Viarmes.
VIZET-CAMUS, rue de Viarmes.
FRANÇOIS (ancienne maison Camus), rue de Viarmes.
AMELIN, rue de Viarmes.
ROZE frères, rue de Viarmes.
HIGNETTE, rue Turbigo.

LYON

MM. CHARLAS frères, quai St-Vincent.
BEZIAT, rue Pareille.
VINCENT, successeur de Frangin, rue Pareille.
ESBLIN.

TRIEURS, SASSEURS, ETC.

MM. VACHON père, fils et Cie, à Lyon.
CABANNES, à Bordeaux.
DUFOUR, à Dijon.
LHUILLIER, à Dijon.
ROZE frères, à Poissy.
HIGNETTE, rue Turbigo, Paris.
COMTE (Alphonse), à Fribourg (Suisse).

BORDIER, à Senlis (Oise).

THERRION (débouteur - décostiqueur - diviseur),
Château-Thierry.

INGÉNIEURS-MÉCANICIENS

MM. BETHOUARD et BRAULT, à Chartres.

BERNIER fils, à Meaux.

BUFFAUT frères, à Lyon.

BISSON et Cie, à Orléans.

DESCOURS, à Essonnes, près Corbeil.

FARCOT, à Saint-Ouen, près Paris.

FÉRAY, à Essonnes, près Corbeil.

GEORGEL frères, à Nancy.

LEGRIS (Édouard), à Maromme (Seine-Inférieure).

MILLOT frères, à Arc-lès-Gray.

JULIEN-MARIE, Marchienne au Pont (Belgique).

RAZE, à Esneux, près Liége.

PASTEGER et fils, à Liége.

S. SARVY, à Pampelune (Espagne).

GŒCOECHÉIA, à La Sarté, province de Guipuzcoa
(Espagne).

CABOSSEL, Bar-le-Duc.

CHRÉTIEN, 87, rue de Moreau, Paris. (Grues-
Treuils. Monte-Charges.)

BOULANGERIE. PÉTRINS

MM. BOLAND, fils, 52, rue St-Louis-en-l'Ile, Paris.

BIABAUD, rue de Viarmes, Paris.

DELIRY, à Soissons (Aisne).

MACHINES A VAPEUR, INSTRUMENTS AGRICOLES ET MOULINS

MM. HERMANN-LACHAPELLE, faubourg Poissonnière, Paris.

ALBARET et Cie, à Liancourt (Oise).

CLAYTON et SCHUTTLEWORTH, à Lincoln (Angleterre).

E. et J. SÉE, à Lille (Nord).

MABILLE frères, à Amboise (Indre-et-Loire).

BERNIER fils, à Meaux (Seine-et-Marne).

MILLOT, faubourg Saint-Germain, 10, Paris. (Moteur hydraulique).

HANRIAU, à Meaux. (Moteur hydraulique).

GAUTREAU, à Dourdan (Seine-et-Oise).

15

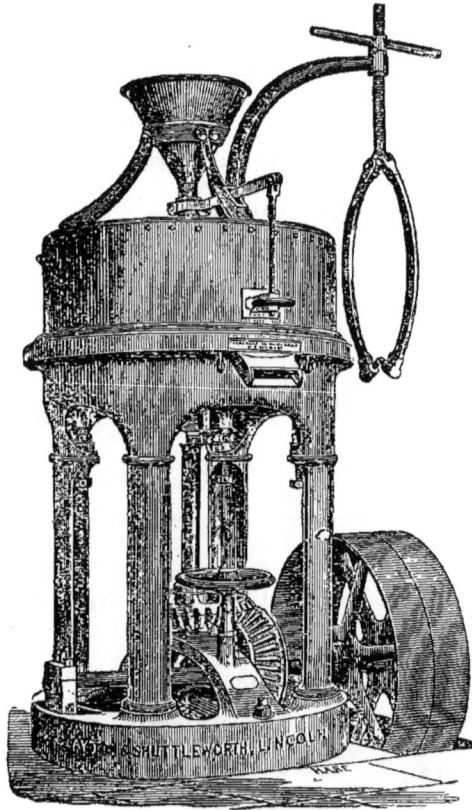

CLAYTON ET SCHUTTLEWORTH
à Lincoln (Angleterre).

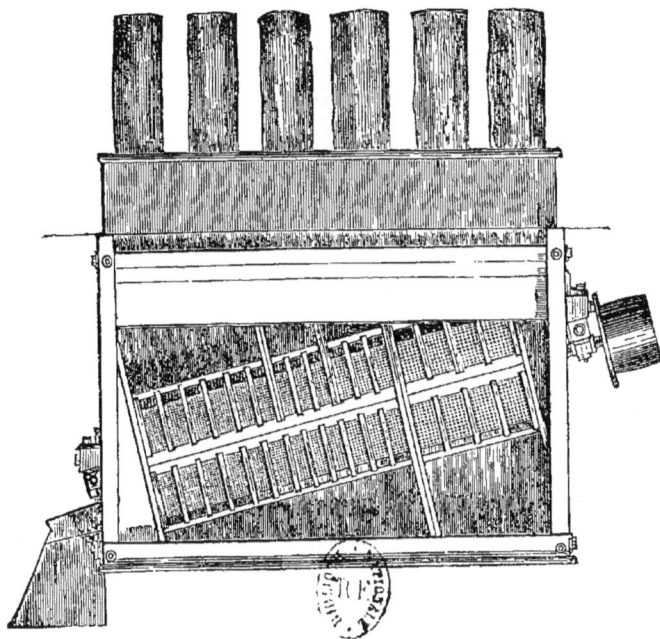

CLAYTON ET SCHUTTLEWORTH
à Lincoln (Angleterre).

TABLE

TABLE DES MATIÈRES

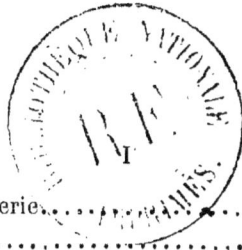

XI

XII

XIII

XIV

XV

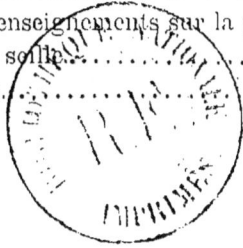

FIN DE LA TABLE DES MATIÈRES.

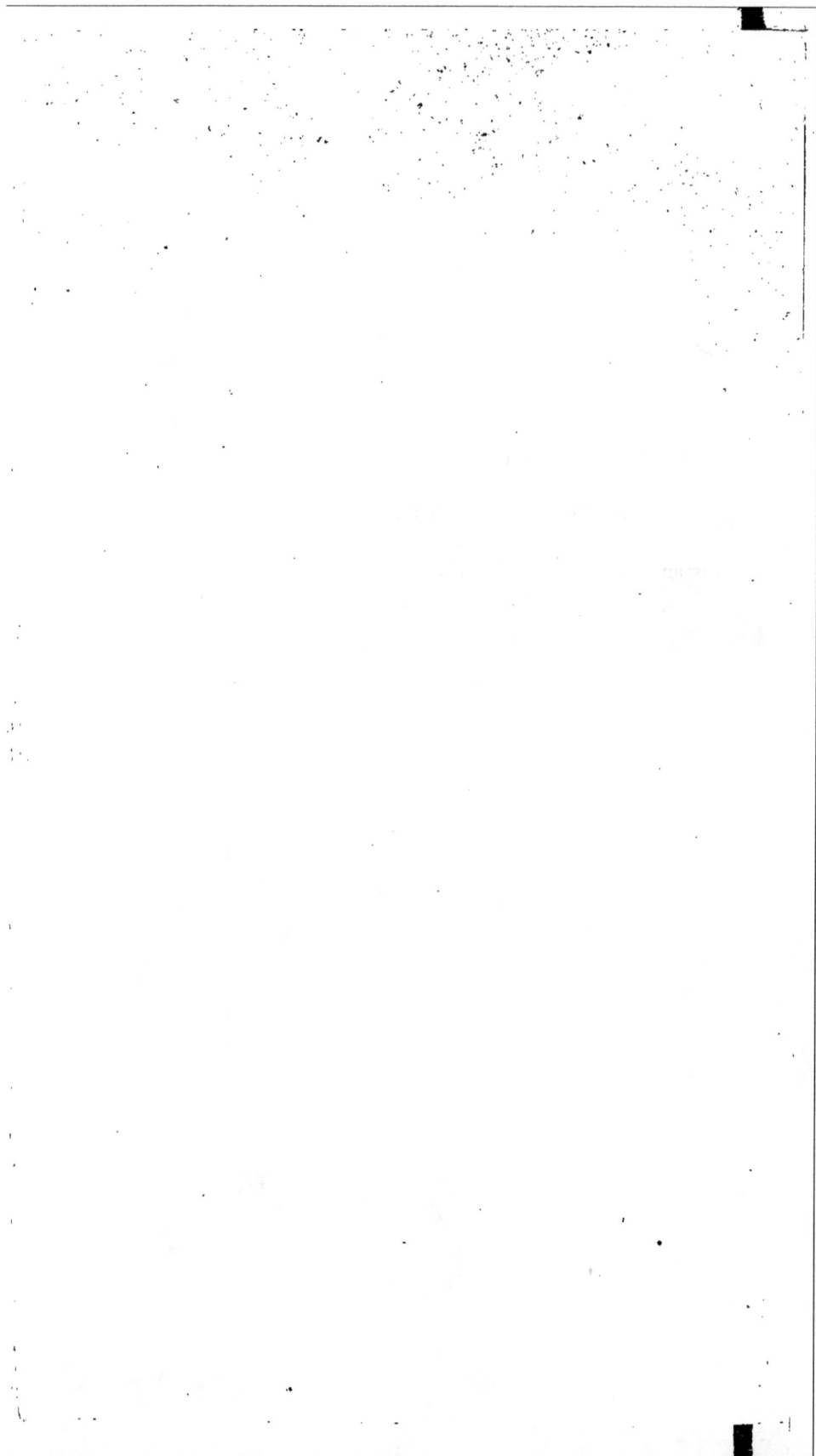

COULOMMIERS. — TYP. A MOUSSIN

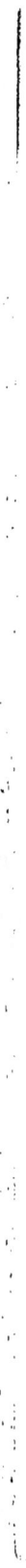

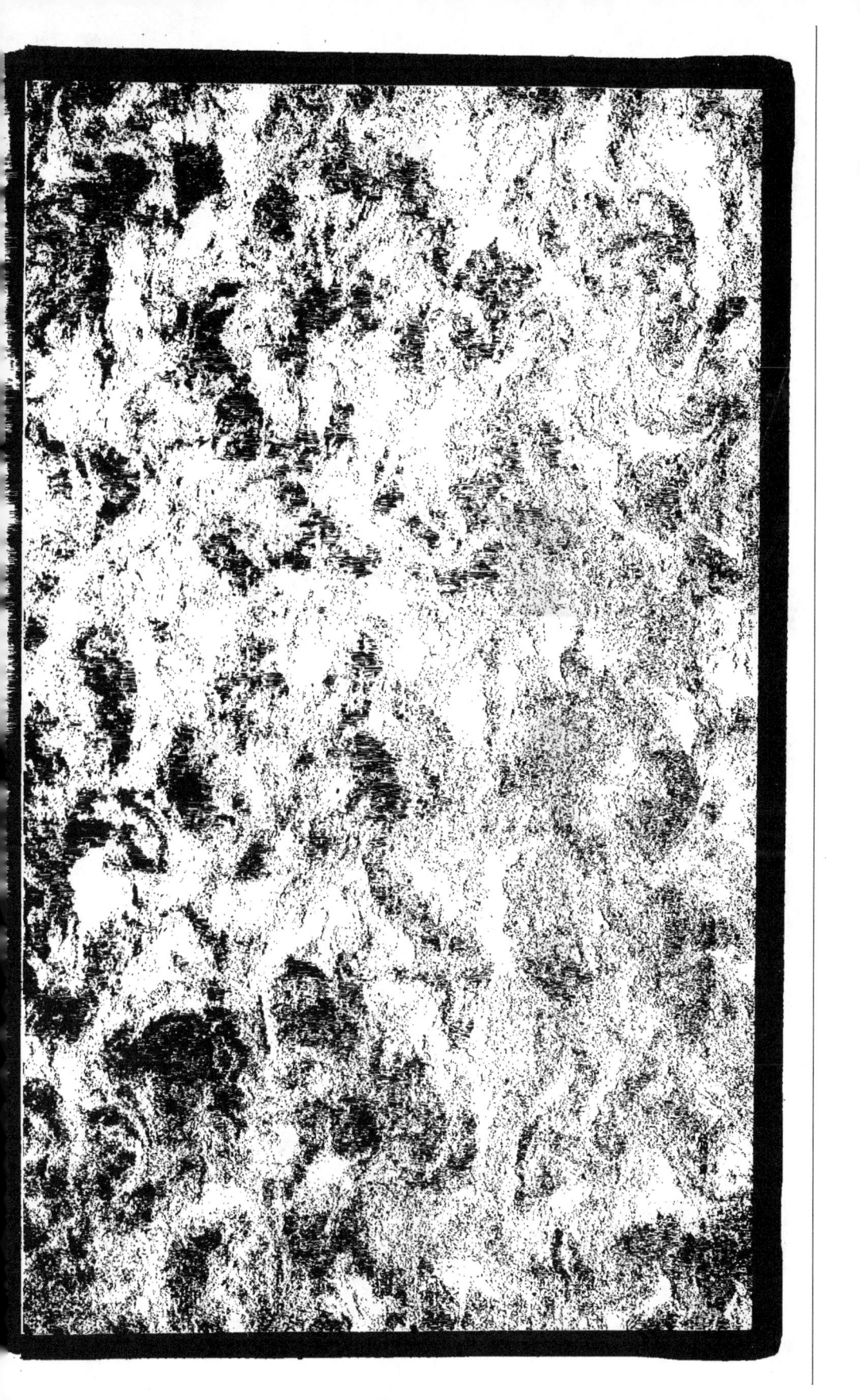

www.ingramcontent.com/pod-product-compliance
Lightning Source LLC
Chambersburg PA
CBHW060353200326
41519CB00011BA/2125